www.lenos.ch

Florianne Koechlin

Zellgeflüster

Streifzüge
durch wissenschaftliches Neuland

Lenos Verlag

Ich möchte all jenen danken, die mir für Gespräche zur Verfügung standen: Ernst Beyeler (Galerist), Marcello Buiatti (Molekulargenetiker), Hans-Peter Dürr (Quantenphysiker), Benny Haerlin (Aktivist), Hans Herren (Insektenforscher), Regine Kollek (Molekularbiologin), Jeremy Narby (Schamanenkenner), Martin Ott (Biobauer), Klaus Peter Rippe (Ethiker), Markus Ritter (Biologe), Vandana Shiva (Ökologin), Beatrix Tappeser (Molekularbiologin) und Ted Turlings (Pflanzenforscher).

Für die grosse Hilfe danke ich auch Günter Spaar sowie Bernhard Batschelet, Susan Boos, Thomas Dinner, Jeremy Narby, Ruth Marx, Ruth Mascarin, Roger Monnerat, Hansjörg Stalder und Stephanie Zellweger-Tanner.
Günter Altner, Daniel Ammann, Zvjezdana Cimerman und Beat Sitter-Liver möchte ich für ihre Beiträge in den Anmerkungen meinen Dank aussprechen.

Satz und Gestaltung: Lenos Verlag, Basel
Umschlag: Anne Hoffmann Graphic Design, Basel
Umschlagbild: Florianne Koechlin
Printed in Germany
ISBN 3 85787 368 X

Inhalt

Vandana Shiva, indische Ökologin

Schwarze Samen, goldene Ähren

Unser Landrover stoppt abrupt. Wir sind angekommen. Über uns erhebt sich ein rotgebrannter Gebirgsrücken. Unter uns liegen terrassierte Hänge. Uralte Steinmäuerchen ziehen sich wie ein Geflecht über den Talboden und weit in die Hänge hinauf. Das Grün der kleinen Äcker leuchtet zart in der Morgensonne. Ich bin in Indien. Ich bin zu Besuch bei der indischen Ökologin Vandana Shiva, um an einer gemeinsamen Publikation zu arbeiten. Zusammen mit einer Freundin habe ich zwei Wochen in ihrem Elternhaus in Dera Dung im Norden Indiens verbracht. Während einiger Stunden sind wir heute im Landrover durch die Berge gefahren, Vandana Shiva, zwei Bekannte von ihr, meine Freundin und ich. Nun haben wir unser Ziel erreicht, das alljährliche Saatgutfestival der Chipkobäuerinnen.

Vor uns, auf einer kleinen Ebene, sind bunte Decken ausgebreitet, und Frauen stehen schwatzend in Gruppen zusammen. Es sind auch Kinder da und einige wenige Männer. Am Rande des Feldes stehen Zelte. Aus allen Richtungen kommen Bäuerinnen herbei, um uns zu begrüssen.

Vandana Shiva, die alle kennt, ist klein und rundlich, sie trägt ihr schwarzes Haar zu einem Chignon geflochten, der mit einer verzierten Lederschnalle zusammengehalten wird. Auf der Stirn hat sie einen roten Punkt, das dritte Auge. Sie ist eine der bekanntesten Kämpferinnen gegen die Macht multinationaler Konzerne.

Vor zwanzig Jahren haben sich die Chipkofrauen zusammen mit Vandana Shiva erfolgreich gegen die Abholzung der letzten Wälder in ihrem Gebiet zur Wehr gesetzt. Als die Baumaschinen auffuhren, umfassten die Frauen die Bäume, hielten sich daran fest und liessen nicht locker, bis die Baumfäller wieder abzogen.

Leise erst, dann immer lauter ist Gesang zu hören. Nach und nach treffen neue Gruppen von Frauen ein, ihre farbigen Saris lose um den Kopf geschlungen. Die Frauen begrüssen und umarmen sich – manche haben sich ein Jahr nicht mehr gesehen, viele haben einen Tagesmarsch hinter sich. Zuletzt sind etwa achtzig Bäuerinnen versammelt, alle haben im Gepäck etwas von ihrem selbstgezüchteten Saatgut mitgebracht: Reis-, Hirse- und andere Samen.

Später stehen wir mit den Frauen um einen langen, niedrigen Tisch, der mit weissem Papier abgedeckt ist. Darauf liegen Proben des neuen Saatguts sowie Proben aus der Sammlung, die die Chipkofrauen vor einigen Jahren anzulegen begonnen haben. Zuoberst, am Tischende, sind verschiedene Hirsesorten ausgebreitet: kleine, dunkelrotviolette Kolben, aber auch langgezogene von einem schimmernden Goldgelb. Es folgen die rispenförmigen Ähren von Sorghum, einer hirseähnlichen Pflanze, die auf Böden gedeiht, auf denen anderes Getreide nicht mehr wächst. Die Ähren variieren in Grösse und Farbe, von hellem Ocker bis zu tiefem Rotbraun. Am unteren Tischende sind Reisähren aufgereiht, die kleiner sind als jene von Sorghum.

Etwa sechzig verschiedene Reissorten liegen ausgebreitet vor uns. Vandana Shiva nimmt eine Ähre, zeigt uns den kräftigen Halm, an dem in mehreren Rispen die Reiskörner sitzen, und sagt: »Diese Reissorte heisst Chawaat, die Trockene, weil sie auch auf trockenen Böden wächst. Sie stammt aus einem Dorf unweit von hier. Viele der anderen Reissorten hier auf dem Tisch sind ebenfalls dürreresistent. Sie werden im Gegensatz zu den üblichen Reiskulturen nicht unter Wasser gesetzt und wachsen auch bei wenig Regen.« Es gibt also dürreresistente Reissorten? Das ist mir neu. Ich frage, ob diese Sorten nicht für die Weiterzucht verwendet werden könnten, um der fortschreitenden Dürre in manchen Weltregionen zu begegnen. »Natürlich, das ist alles schon da«, sagt Vandana Shiva, legt die Ähre zurück und zeigt uns noch einige weitere Reissorten, zuletzt eine Ähre mit schwarzen Körnern. »Dieser Reis heisst Korianderreis, weil die Körner so winzig klein wie Koriander sind. Es ist eine einheimische Spezialität. Ist sie nicht wunderbar?« fragt sie in die Runde und strahlt.

Auf der Hinfahrt im Landrover hat uns Vandana Shiva erzählt, wie die Vielfalt an Samen, die wir zu sehen bekommen würden, fast verlorengegangen wäre. »Die übliche Geschichte«, sagte sie, »in Indien wie fast überall in der dritten Welt reden die Saatgutfirmen den Leuten ein, sie bräuchten verbesserte Sorten; solche Sorten zu züchten, seien sie aber selbst nicht imstande, weil dies wissenschaftlich geschehen müsse und sie keine Wissenschaftler seien. Wenn die Leute das ständig zu hören bekommen, fangen sie an, ihr eigenes Saatgut als minderwertig anzusehen und zu vernachlässigen, und eines Tages probieren sie das Saatgut aus, das ihnen die Agrofirmen anbieten. Für kurze Zeit ergibt das Industriesaatgut zusammen mit dem Kunstdünger und den Pestiziden höhere Erträge. Dann folgt die grosse Krise – neue Schädlinge, immer mehr Pestizide –, die Erträge sinken, die grosse Armut bricht herein. In Indien gab es früher 30 000 Reissorten, heute stammen drei Viertel der Reisernte von etwa zehn Hochertragssorten. Aber die Chipkofrauen haben wieder angefangen, ihr eigenes Saatgut anzupflanzen und weiterzuentwickeln. Durch sorgfältige Selektion und Weiterzüchtung sind viele neue, lokal angepasste Sorten entstanden, und eine solche Vielfalt ist die einzige Chance, um in dieser rauhen Gegend zu überleben.«

Wir bewegen uns inmitten der Bäuerinnen um den Tisch herum, auf dem in allen Farben und Formen das Saatgut in der Sonne leuchtet. Vandana Shiva zeigt auf einige Ährenbüschel und sagt spöttisch: »Die Engländer haben einige dieser Sorten mit Tiernamen bedacht, zum Beispiel Kuherbse oder Schweinehirse oder Pferdebohne. Sie wussten nicht, wie sie sie kochen sollten, und verfütterten sie deshalb an die Tiere.«

Später erklärt sie uns, nach welchen Methoden im Tal und auf den höher gelegenen Terrassenfeldern angebaut wird. Im Tal, wo es mehr Wasser gibt, pflanzen die Chipkofrauen Reis an, in den höheren Lagen die genügsamere Hirse. Sie säen auf jedem Feld stets verschiedene Sorten – zum Beispiel eine, die die Kälte gut verträgt, eine andere, die gegen Schädlinge besonders resistent ist, eine dritte, die früher reift. Auf diese Weise ist die Chance, dass immer etwas überlebt, sehr gross. In den Hirsefeldern bauen die Bäuerinnen gleichzeitig Mais an sowie verschiedene Bohnensorten und anderes Gemüse. Aber auch Gewürze – Sesam, Koriander, Basilikum – werden auf den gleichen winzigen Terrassenfeldern in jährlichem Wechsel aufgezogen. »Das ergibt eine gute Balance«, sagt Vandana Shiva, »und fast das ganze Jahr über kann etwas geerntet werden. Diese Sicherheitsgarantie ist wichtiger als ein hoher Ertrag, denn die Frauen müssen ihre Familien ernähren.«

Links und rechts neben uns und rundum beugen sich Gruppen von Bäuerinnen über den Tisch, diskutieren lebhaft, lachen, zeigen auf die Ährenbüschel, berichten von ihren Erfahrungen und stellen Fragen. Wie gerne würde ich verstehen, was hier geredet und berichtet wird. Es ist der 25. Dezember 1993 – Weihnachten also.

Beim Essen sitzen wir uns in zwei langen Reihen gegenüber. Auf Tellern aus Bananenblättern werden einheimische Gerichte serviert, verschiedene Reis-, Linsen- und Hirsegerichte mit Gemüsen, die ich noch nie gegessen habe. Der strenge Duft von Ingwer und Koriander liegt in der Luft.

Nach dem Tee steht eine alte Chipkofrau auf und hält eine Ansprache. Sie redet frei, in schnellem Tempo, und alle hören ihr zu. Die Frau erzähle gerade, raunt mir Vandana Shiva zu, dass sie vom Sojaanbau abgekommen sei, weil Soja kein nützliches Stroh ergebe. Das Stroh von Reis oder Hirse hingegen könne als Viehfutter verwendet werden oder bei der Herstellung von Matten und beim Bau der Häuser.

Weitere Bäuerinnen stehen auf, berichten von ihren Erfahrungen und Strategien, und dann, vor Sonnenuntergang, steigen wir in den Landrover und machen uns auf den Rückweg. Wo denn die Männer geblieben seien, will ich von Vandana Shiva wissen. »In der Stadt«, sagt sie. Während den Frauen früher der lokale Anbau von Getreide und Gemüse oblag, seien die Männer für das Vieh verantwortlich gewesen. Sie zogen mit den Herden weiträumig umher bis hinauf in tibetisches Gebiet. Vandana Shiva zeigt auf einer kleinen Landkarte den Distrikt Tehri Garhwal im Nordosten Indiens, wo wir uns befinden. Er liegt nahe der tibetischen Grenze und reicht im Osten bis nach Nepal. Als chinesische Truppen in Tibet einmarschierten, gingen die Weiden im Norden verloren. Dies war der eine Grund für den Niedergang der Viehzucht, der andere war die Abholzung der Wälder. Durch die Rodungen sei zwar Grasland entstanden, aber diese Weiden seien nur während des Monsuns grün. »Im Sommer aber«, erklärt Vandana Shiva, »verdorrt das Gras. Futter gibt es nur noch im Wald am Boden, an den Büschen und Bäumen. Mit den Wäldern verschwand diese Futterquelle. Der Verlust der Weiden im Norden und die Rodungen führten zum Kollaps der Viehzucht. Nun liegt die ganze Last auf den Frauen. Die Männer finden sich in dieser neuen Situation bis heute nicht zurecht, viele emigrieren und suchen Arbeit in den Städten.«

Nach einigen Stunden erreichen wir unser Nachtlager, ein einsames Hotel mit dem Namen »Trishal Breeze«. Zum Glück gibt es genügend Decken, denn es ist bitterkalt. Am nächsten Morgen bietet sich uns ein atemberaubend schöner Blick: Unzählige Hügelketten staffeln sich in die Tiefe, und ihr Dunkelviolett wird langsam heller. Ganz hinten dann, am Horizont, leuchten die verschneiten Gipfel des Himalaya. Es sieht aus, als würden sie im Himmel schweben, schwerelos, rosarot erst und dann immer weisser. Vandana Shiva zeigt auf die imposanten Gipfel und nennt ihre Namen; jener in der Mitte, sagt sie, heisse Ganges wie der heilige Fluss, und gemäss der hinduistischen Schrift stamme er aus dem Maul der Kuh Ganmukh.

Auf der Weiterfahrt erzähle ich Vandana Shiva, dass die Konzerne in der Schweiz oft argumentierten, Gentechnik sei zur Bekämpfung des Hungers in der Welt notwendig. »Genau das Gegenteil ist der Fall«, legt Vandana Shiva los, »diese Frauen, mit denen wir hier gefeiert haben, sie würden durch die Gentechnik völlig ruiniert. Genmanipulierte Pflanzen gewähren den Konzernen eine totale Kontrolle über das Saatgut. Die Bauern und Bäuerinnen müssen das Saatgut jedes Jahr neu bei der Firma kaufen, zusammen mit der dazu passenden Agrochemie. Da genmanipulierte Pflanzen patentiert sind, dürfen die Leute ihr Saatgut weder aufbewahren noch austauschen. Durch die Patentierung wird eine jahrtausendealte Tradition zu einem kriminellen Akt. So etwas wie das Saatgutfestival – das wäre vorbei.«

Sie beruhigt sich langsam und fährt fort: »Es ist auch eine ethische Frage. Das indische Wort für Samen heisst, wörtlich übersetzt: das, woraus Leben immer wieder entsteht. Gentechnik und Patentrecht erzwingen aber, dass man Jahr für Jahr zur Agrofirma zurückgehen muss, um Samen für das nächste Jahr zu kaufen. Ich habe das den Frauen gestern erzählt. Sie konnten es nicht glauben. Eine von ihnen meinte, dies bringe den Zustand der Samenlosigkeit hervor. Samenlosigkeit ist bei uns eine ›Sünde‹, es ist das Schlimmste überhaupt.«

Im südindischen Bangalore gab es 1993 eine riesige Demonstration gegen das Freihandelsabkommen GATT (heute WTO) und gegen die Patentierung von Saatgut. Eine halbe Million Bäuerinnen und Bauern kamen zur Kundgebung.

Sie reisten von weit her, um ihr wichtigstes Gut zu retten: ihr Saatgut. »Mahatma Gandhi verweigerte die Kooperation mit den Salzbaronen. Wir werden die Kooperation mit der WTO verweigern und die Patente auf unser Saatgut nicht anerkennen«, sagt Vandana Shiva.

In dieser knappen Feststellung steckt die ganze furiose Energie und Kompromisslosigkeit, mit der Vandana Shiva sich zur Wehr setzt. Beides beeindruckt mich. Sie glaubt daran, dass die Welt verändert werden kann, und ihre Erfolge geben ihr recht. Und so bemerkenswert ihr analytischer Scharfsinn ist, am meisten imponiert mir die Frische und Zuversicht, mit der sie die Dinge anpackt und andere für ihre Projekte begeistert. Da ist nichts von jenem jammernden und selbstgerechten Unterton, der in der Schweiz unter Linken und Grünen so oft anzutreffen ist. Einer meiner Freunde meinte einmal, Vandana Shiva habe einfach ein wunderbar freches Mundwerk.

Im Januar 1994 war ich aus Indien zurückgekehrt, ganz inspiriert und voller Energie. Ich stürzte mich in die Arbeit, denn in der Schweiz lief die Gentechnologiekontroverse auf Hochtouren. Im Herbst 1993 hatten wir die sogenannte Gen-Schutz-Initiative eingereicht. Wir, das war eine breite Koalition, zu der Umweltschutzverbände, Tierschutzvereine, Konsumentenorganisationen, Vereinigungen für Biolandbau und Organisationen aus der Entwicklungshilfe gehörten. Die Gen-Schutz-Initiative enthielt drei Forderungen. Erstens: In der Schweiz dürfen keine Freisetzungen von genmanipulierten Lebewesen – Tiere, Pflanzen, Mikroben – stattfinden. Wir warnten vor den Risiken: Jede Freisetzung von gentechnisch veränderten Lebewesen sei in puncto Risikoabschätzung wie ein Wetterbericht für die nächste Woche. Ob er stimme, zeige sich erst später. Zwischen chemischen und biologischen Gefahren bestehe zudem ein grosser Unterschied: Die biologische Gefahr lebe, sie könne sich verbreiten und vermehren. Einmal freigesetzt, gebe es kaum Möglichkeiten, die genveränderten Lebewesen wieder aus der Umwelt zu entfernen.

Zweitens: Tiere und Pflanzen sollen nicht patentierbar sein. Maschinen und Chemikalien könnten wohl patentiert werden, doch Tiere und Pflanzen seien niemals die »Erfindungen« irgendeines Forschers oder eines Konzerns. Patente auf Leben würden zudem zu ungerechtfertigten Monopolen führen.

Als dritte Forderung verlangte die Initiative, dass Tiere nicht gentechnisch verändert werden dürfen. Gentechnische Veränderungen seien Eingriffe von neuartiger Tiefe. Das Einschleusen von fremden Genen ins Erbgut des Tieres sei wie ein russisches Roulette: Niemand wisse im voraus, wo und wie viele Gene integriert würden. Ein versetztes oder »ver-rücktes« Gen könne »ver-rückte« Wirkungen entfalten und beim Tier Leiden verursachen.

Die nächsten vier Jahre – bis zur Abstimmung im Juni 1998 – standen für mich ganz im Zeichen der Gen-Schutz-Initiative. Unsere drei Forderungen bezogen sich auf drei zentrale Bereiche der Gentechnik, in jedem dieser Bereiche formierte sich Widerstand.

Als wir die Initiative einreichten, gab es in der Schweiz keine Freisetzungen von genmanipulierten Lebewesen mehr. Einige Jahre zuvor hatte die Forschungsanstalt Changins bei

Nyon erstmals genmanipulierte Kartoffeln ausserhalb eines Laboratoriums auf einem kleinen Acker im Freien angepflanzt. Wir hatten eine Risikoanalyse verfasst, die Medien informiert und den Bundesrat aufgefordert, die Bewilligung für diesen Versuch sofort zurückzuziehen. Schliesslich waren wir zum Acker mit den Gentechkartoffeln marschiert, um an Ort und Stelle zu protestieren. Nach zwei Jahren wurden die Versuche in Changins eingestellt.

Eine andere Freisetzung in grossem Massstab konnte 1995 verhindert werden. Die Behörden wollten einen neuen Tollwutimpfstoff aus genmanipulierten Viren in weiten Gebieten der Nordwestschweiz ausprobieren.

Auch in Deutschland stiessen Freisetzungen auf Widerstand. Dort war der erste grosse Versuch ein Reinfall gewesen. In der Nähe von Köln waren 70 000 genmanipulierte Petunien freigesetzt worden, die rot statt weiss hätten blühen sollen. Aber die Gentechpetunien blühten nicht rot, sondern weiss, rosa, rot und gescheckt.

»Keine Patente auf Tiere und Pflanzen«, auch diese Forderung der Gen-Schutz-Initiative war bereits heftig umkämpft. In Europa wurde 1993 erstmals ein genmanipuliertes Säugetier patentiert: die berühmte Krebsmaus, die dank menschlichem Gen schnell und zuverlässig an Brustkrebs erkrankt. Eine Maus sollte patentiert werden können wie eine Maschine oder eine Chemikalie? Im Protest fanden wir Verbündete bis weit in kirchliche Kreise hinein und bei Organisationen, denen das Wohl der Tiere am Herzen liegt. Gegen das Krebsmauspatent organisierten wir zusammen mit einem Patentanwalt einen Einspruch, an dem sich über achtzig Verbände aus ganz Europa beteiligten.

Auch gegen besonders weitreichende Patente auf genmanipulierte Pflanzen verfassten wir Einsprüche. Einmal demonstrierten wir auf dem Bundesplatz in Bern, und alle Teilnehmenden brachten ihre Tiere mit. Kühe, Pferde, Hunde, Katzen, Hühner, Wellensittiche bevölkerten den Bundesplatz, alle mit dem Schild um den Hals »Wir wollen nicht patentiert werden«.

Die dritte Forderung der Gen-Schutz-Initiative, das Verbot der Genmanipulation an Tieren, sollte sich als die schwierigste erweisen. In einer wissenschaftlichen Zeitschrift hatten wir ein Bild gefunden, das einen genmanipulierten Riesenlachs inmitten seiner kleinen Geschwister zeigte. In der Bildlegende hiess es, dank eines menschlichen Gens würde der Riesenlachs dreizehnmal schneller wachsen als seine Geschwister und dementsprechend auch bedeutend grösser werden. Das Foto hatte mich empört, das ging nun wirklich zu weit! Solche Versuche stiessen auch in einer breiten Öffentlichkeit auf klare Ablehnung.

Aber genmanipulierte Tiere hatten vor allem in der medizinischen Forschung immer grössere Bedeutung gewonnen: Mäuse und Ratten wurden gentechnisch so verändert, dass sie als Modelle bei der Erforschung menschlicher Krankheiten benutzt werden konnten. Die Gen-Schutz-Initiative zielte eigentlich nur auf die Landwirtschaft ab, doch in diesem Punkt berührte sie einen wichtigen Aspekt der Medizin. Wir appellierten an die Ethik und zeigten neben den Bildern von Riesenfischen auch Aufnahmen von gezielt krank gemachten Mäusen und Ratten. Aber in der Medizin ist die Hoffnung, dank der Gentechnik neue Medikamente zu finden, besonders gross. Deshalb hatten wir bei dieser Forderung fast die gesamte Wissenschaftsgemeinde gegen uns.

Die Industrie setzte alles daran, die Gen-Schutz-Initiative zu bekämpfen. Gentechnik galt damals als *die* Schlüsseltechnologie für die Zukunft, sowohl in der Landwirtschaft als auch in der Medizin. In den USA wurden bereits genveränderte Soja und Gentech-Mais angebaut, und die Industrie ging davon aus, dass Genfood bald den Weltmarkt erobern würde. Auch in der Schweiz war man überzeugt, dass sich genmanipulierte Lebensmittel bald durchsetzen würden, und die Schweizer Grossindustrie wollte bei der Aufteilung dieses Zukunftsmarktes an vorderster Stelle dabeisein. Der damalige Chef des Nahrungsmittelkonzerns Nestlé, Helmut Maucher, sagte, es sei lächerlich zu glauben, dass in absehbarer Zeit nicht ein Grossteil aller Lebensmittel genmanipuliert sein werde. Lächerlich – das war ein Wort mit Widerhaken. Es war für uns Ausdruck jener Arroganz, die zu bekämpfen wir ausgezogen waren.

Ein anderes zentrales Argument gegen die Initiative lautete, es sei unethisch, die Entwicklung der Gentechnik zu bekämpfen, da sie gerade in den armen Ländern des Südens einmal von grossem Nutzen sein werde. Ich schlug vor, Vandana Shiva in die Schweiz einzuladen, damit auch jemand aus dem Süden selbst zu dieser Behauptung Stellung nehmen konnte. An der Pressekonferenz in Bern führte sie aus, ein Sieg der Gen-Schutz-Initiative wäre gerade für den Süden ein wichtiges Signal, denn Gentechnik würde das Hungerproblem nicht lösen, sondern es durch neue Abhängigkeiten nur noch verschärfen. Mit den Worten, sie und alle ihre Verbündeten hofften auf ein deutliches Ja der Schweizer Bevölkerung, schloss Vandana Shiva ihren Beitrag ab.

Ich begleitete sie nach der Pressekonferenz zum Bahnhof. Vor lauter Diskutieren kamen wir vom Weg ab und landeten irgendwo in der Gegend des Bollwerks. Das Saatgutfestival der Chipko-Bäuerinnen werde jedes Jahr grösser, berichtete sie und fragte dann, ob mir bekannt sei, dass inzwischen eine US-Firma alle Patente für gentechnisch veränderte Baumwolle besitze. »Das müssen wir bekämpfen, ihr hier im Norden und wir im Süden«, sagte sie eindringlich. Ich stimmte zu. Eine Gruppe von älteren Frauen und Männern in Wanderausrüstung überholte uns, und Vandana Shiva meinte, es falle ihr in der Schweiz immer wieder auf, wie viele rüstige und fröhliche Senioren auf der Strasse unterwegs seien. Das sei wunderbar.

Zu jener Zeit, im Spätsommer 1996, war Europa bereits von einer Anti-Gentechnik-Welle erfasst; in Deutschland gab es Zeltbesetzungen auf Versuchsgeländen, in England deklarierten Schulküchen, dass sie nur gentechfreies Essen servieren würden, und auch in Frankreich begann sich der Widerstand gegen die »mal bouffe«, gegen Schnellimbissketten und Gentech-Nahrung zu formieren. Zusammen mit Gleichgesinnten aus Europa gründete ich GENET, ein europäisches Netzwerk gentechkritischer Organisationen, das Treffen in Brüssel, Prag und Basel durchführte. Das Internet erwies sich als hervorragendes Instrument, um Informationen schnell und billig zu verbreiten und Aktionen europaweit zu koordinieren.

In der Schweiz rückte der Abstimmungstermin für die Gen-Schutz-Initiative näher. Überall entstanden Unterstützungskomitees. Wir organisierten Rhetorikkurse, schrieben Argumentationsblätter und Leserbriefe; wir debattierten an Podien, stritten in TV-Sendungen, gaben unzählige Interviews – es war eine hektische Zeit. Kurz vor der Abstimmung, im Mai 1998, hingen in der ganzen Schweiz, in jedem Dorf, grosse Abstimmungsplakate mit Texten wie »Patente auf LEBEN gehören der Natur. Und nicht multinationalen Konzernen«. Jedesmal, wenn ich an einem solchen Plakat vorbeikam, wurde mir wohl. Dafür stand ich ein, mit ganzem Herzen.

Die Gegenseite überrollte das Land mit einer gewaltigen Propagandamaschine. Industrie und Wirtschaft steckten 35 Millionen Franken in die Bekämpfung der Gen-Schutz-Initiative. Es war die teuerste Abstimmungskampagne, die in der Schweiz je geführt worden war. Inserate und Plakate warnten, die »Gen-Verbots-Initiative« würde die Forschung abwürgen, Arbeitsplätze vernichten und die Heilung von Krebs erschweren. Der Ausgang der Abstimmung war ungewiss. Alle grossen Umfragen sagten ein knappes Resultat voraus: gleich viele Ja- wie Neinstimmen.

Dann, am 7. Juni 1998, kam alles anders. Wir erlitten eine eklatante Niederlage. Den 33,3 Prozent Stimmen für die Gen-Schutz-Initiative standen 66,7 Prozent Neinstimmen gegenüber. Wir waren in einer feierlich geschmückten Scheune im Mittelland versammelt. Wir gaben Interviews für Radio, Presse und Fernsehen und sagten, dass wir weitermachen wollten und dass die nächsten Schritte noch nicht ausdiskutiert seien. Trotz der Hiobsbotschaft war unsere Stimmung gut.

Erst in den nächsten Wochen wird mir langsam bewusst, was passiert ist. Ich werde krank. Wegen einer Kehlkopfentzündung kann ich nicht mehr reden. Wegen einer Mittelohrentzündung höre ich nichts mehr. Im Garten im Liegestuhl dämmere ich vor mich hin, tagelang. Ich bin wie in Watte gepackt; jede Bewegung kostet mich Überwindung. Von Zeit zu Zeit raffe ich mich auf, im Quartierladen um die Ecke etwas Milch und Brot und Obst zu kaufen. Dann versinke ich wieder im Liegestuhl. Schaue gedankenverloren in die Reben, deren Zweige mit den hellen Blättern und den Ranken in den Himmel ragen. Kleine grüne Trauben sind bereits sichtbar, sie müssten ausgelichtet werden. Der grosse Salbeibusch daneben, die blühenden Malven und das hochstehende Gras – der Garten macht einen verwilderten Eindruck.

Warum nur, warum haben wir so deutlich verloren? Entgegen allen Prognosen?

Die Labortiere also, die haben uns wahrscheinlich das Genick gebrochen. Sie zu verbieten verhindere die Forschung – als ob es darum gegangen wäre! Trotzdem, das war das Einfallstor für die gegnerische Propaganda. Hätt' ich ja auch so gemacht – an ihrer Stelle. Oder waren es die 35 Millionen? War's das? Eine gekaufte Abstimmung also? Und erst dieses krebskranke Kind, das einen aus den Inseraten so lieb anschaut und das wegen unserer Initiative keine Zukunft mehr haben soll, das war gemein. Das hat wohl viele verunsichert. Immer mussten wir vernünftig sein, sachlich argumentieren, die Gegenseite kam mit solchen Bildern. Und mit 35 Millionen. David gegen Goliath – und Goliath hat David wieder einmal klar in den Senkel gestellt, radikal. Das tut weh. Und doch: Selbstmitleid hilft nicht weiter, das weiss ich nur zu gut. Ich stehe auf und mache mir einen Pfefferminztee.

Mit der Zeit dämmert mir, dass all meine Erklärungsversuche nicht genügen, dass ich mich im Kreis drehe, weil es für unsere Niederlage einen tieferen Grund gibt. Immer öfter habe ich das Bild der Chipkobäuerinnen vor mir. Ich sehe sie, wie sie stolz sind auf das selbstgezüchtete Saatgut, das ihnen eine Zukunft garantiert. Diese Art von positiven Ansätzen brauchen auch wir.

Ist es während der Abstimmungskampagne nicht so gewesen, dass die Gegenseite immer von der Zukunft gesprochen und ihre Visionen und Hoffnungen gegen die Gen-Schutz-Initiative verteidigt hat? Wir hingegen haben stop gesagt, wir haben vor Risiken und vor der Kontrollmacht der Konzerne gewarnt, wir haben zur Vorsicht gemahnt. Wir haben als die ewigen Neinsager und Zögerer und Warnerinnen dagestanden.

Wo sind *unsere* Visionen für eine zukunftsfähige Welt geblieben, unsere Gegenentwürfe, unsere konkreten Konzepte? Sie haben in der Auseinandersetzung fast vollständig gefehlt. Zwar sind die Biobauern für unsere Kampagne enorm wichtig gewesen, aber der Biolandbau wird in der öffentlichen Meinung nur als Nischenproduktion wahrgenommen, nicht als Möglichkeit für die gesamte Landwirtschaft.

Wie könnte eine zukünftige Landwirtschaft aussehen, in der Schweiz, aber auch in Indien oder in Afrika? Meine Gedanken beginnen wieder zu kreisen. Diesmal ist es ein offenes Kreisen. Es ist in die Zukunft gerichtet, und es hat einen Ausgangspunkt, nämlich meine Faszination für die

Erforschung der Natur. Zur Zeit geht es dabei vor allem um die Manipulation des Erbgutes und die Patentierung von Genen. Beides will ich nicht. Gibt es eine moderne Forschung, die sowohl den Chipkofrauen wie den Bauern und Bäuerinnen in der Schweiz zugute kommt? Eine solche Forschung müsste High-Tech-Methoden im Laboratorium mit dem bäuerlichen Wissen auf dem Feld verbinden. Sie müsste modernste Verfahren und Respekt vor der Natur zusammenbringen.

Das sind meine Fragen, und ich beschliesse, mich auf die Suche nach Antworten zu machen.

Hans Herren, Insektenforscher in Kenia

Wasserbockparfum gegen Tsetsefliegen

Auf den Schweizer Insektenforscher Hans Herren wurde ich durch einen Artikel in der renommierten Wissenschaftszeitschrift »Nature« aufmerksam und durch eine Notiz im Internet. In »Nature« las ich 1997 einen Bericht über das internationale Forschungsinstitut ICIPE *(International Centre of Insect Physiology and Ecology)* in Kenia, dem Hans Herren vorsteht. Dort hatten Wissenschaftler eine Methode gefunden, einen Maisschädling mit Duftstoffen zu vertreiben. Duftstoffe statt Insektizide oder Gentechnik? Interessant.

Durch die Notiz im Internet erfuhr ich, dass der gebürtige Schweizer 1995 den Welternährungspreis erhalten hatte. Er wurde mit dem Preis ausgezeichnet, weil es ihm gelungen war, weite Teile Afrikas von der Schmierlaus zu befreien, die beim Maniok verheerende Schäden anrichtete. In Südamerika hatte er einen natürlichen Feind der Schmierlaus gefunden, eine kleine Schlupfwespe. Er importierte sie nach Afrika, züchtete sie in grossen Mengen und setzte sie weitflächig aus, teilweise auch mit dem Flugzeug. Hans Herrens Entdeckung habe Millionen von Menschen in Afrika vor dem Hunger bewahrt, hiess es in der Würdigung. Zudem waren die Kosten minimal gewesen, und die vom Hunger bedrohten Haushalte hatten nichts bezahlen müssen.

Ich war beeindruckt – aber auch skeptisch: Was, wenn die eingeführten Schlupfwespen ausser den Schmierläusen noch andere Insekten befallen? War es wirklich so einfach:

Man finde den richtigen Nützling, und das Problem ist behoben? Ist das nicht die gleiche Grundidee wie bei der Gentechnik, einfach ein bisschen ökologischer?

Ich beschliesse, den Schweizer Insektenforscher, der heute eine Autorität auf dem Gebiet der biologischen Schädlingsbekämpfung ist, zu besuchen. Zusammen mit einem Kamerateam und einigen Journalistinnen und Journalisten reise ich nach Kenia. Am Flugplatz in Nairobi wartet ein Institutsangehöriger auf uns und fährt uns ins Forschungsinstitut, ein weitläufiges Gelände mit mehreren Forschungsgebäuden, einem Restaurant und einem Gästehaus. Nach der Fahrt durch den Lärm der dichtbevölkerten Strassen Nairobis finden wir uns hier in einer anderen Welt wieder, in einer Enklave.

Hans Herren stösst im Restaurant zu uns. Er ist grossgewachsen, von eleganter Gestalt, mit grauen, nach hinten gekämmten Haaren. Auffallend sind seine blauen Augen und die schwarzen Augenbrauen. Er erzählt, dass am ICIPE rund dreihundert meist aus Afrika stammende Angestellte tätig sind. Sie alle forschen nach neuen Methoden zur Bekämpfung von Afrikas schlimmsten Landplagen: Malariaüberträger, Tsetsefliegen, Maisschädlinge, Wüstenheuschrecken und Fruchtfliegen.

Nach seinen Ausführungen über die Arbeit am Institut frage ich ihn nach der Schmierlaus und dem Maniok und will wissen, ob die Schmierlaus nun ausgerottet sei und ob dies nicht problematisch sei. »Die Schmierlaus wird natürlich nicht ganz ausgerottet, das ist nie das Ziel«, sagt Hans Herren und hält nachdenklich inne. »Haben wir überhaupt das Recht, diese Laus auszurotten oder einen Käfer oder Elefanten?« sinniert er weiter und sagt dann: »Ich glaube nicht. Aber dies ist nicht der Punkt. Die Schmierlaus vermehrte sich in Afrika rasend schnell, weil sie keine natürlichen Feinde hatte. Sie stammt ursprünglich aus Südamerika und wurde vor Jahren nach Afrika eingeschleppt. In ihrem Ursprungsgebiet fanden wir neben der Schmierlaus auch viele Feinde von ihr. Die Schmierlaus richtet dort keinen grossen Schaden an; es gibt eine natürliche Balance. Wir wählten drei ihrer Feinde aus – zwei Marienkäferarten und eine Schlupfwespe –, wir testeten sie unter strengsten Quarantänebedingungen, und erst als wir ganz sicher waren, dass sie keine anderen Insekten befielen, setzten wir sie aus. Das System hier in Afrika war aus dem Lot, wir mussten wieder ein Gleichgewicht herstellen.«

Das leuchtet mir ein. Die Balance herstellen und die Vielfalt ausnutzen – das scheinen Grundpfeiler der ICIPE-Philosophie zu sein. Ob es überall funktioniert? Ich bin gespannt.

Am nächsten Tag fahren wir in das nordöstlich von Nairobi gelegene Rift Valley. Gemeinsam mit einigen Forschern des Instituts sitzen wir in fünf Landrovern und lassen uns durchschütteln und hin und her werfen. Wir sind unterwegs durch unendlich weite Wüstensteppen mit nichts als rotverbrannter Erde rundum, hinter uns eine zweihundert Meter lange Staubfahne, die von unserer Fahrzeugkolonne aufgewirbelt wird. Später kommen wir an Salzseen mit riesigen Flamingo- und Pelikanschwärmen vorbei und gelangen über waghalsige Pisten in gebirgiges Gelände.

Hans Herren, der am Steuer sitzt, macht das abenteuerliche Fahren sichtlich Spass.

Unser Besuch gilt einer Gruppe von Massai und ihren Zebuherden. Seit einigen Jahren nehmen diese Hirtennomaden an einem Tsetse-Projekt des ICIPE teil. Tsetsefliegen sind in Afrika weit verbreitet. Sie übertragen nicht nur die menschliche Schlafkrankheit, sondern auch mehrere tödliche Rinderkrankheiten *(Trypanosomosen),* an denen jährlich Millionen von Rindern sterben. Die Verluste unter den Nutztieren werden auf zwanzig bis vierzig Prozent geschätzt.

Nach unserer Ankunft unterhalten sich Hans Herren und seine Mitarbeiter mit den Massai; wir haben Zeit, uns umzuschauen. Wir sehen Massaihirten, in blaue Tücher gehüllt; Zeburinder mit ihren nach hinten geschwungenen Hörnern und den grossen, langbewimperten Augen; Steppengras und einige verstaubte Büsche. Über allem hängt ein etwas scharfer Geruch nach Rind und nach Tamariskenbäumen.

Am Rande des Feldes stehen einige pyramidenförmige Zelte. Es sind die Tsetse-Fallen. Sie sind etwa eineinhalb Meter hoch und aus blauem Tuch gefertigt. Die blaue Farbe lockt die Tsetsefliegen an. Sind sie erst in den Pyramiden drin, gibt es kein Entrinnen: Sie fliegen nach oben, dem Licht entgegen und geraten in einen weissen Plastiksack, der im Zeltgiebel befestigt ist. Dort gehen sie in der Sonnenhitze ein. In den Fallen, die wir besichtigen, sind die Säcke voller verdorrter Fliegen.

Als zweites Lockmittel steht unter den Fallen eine mit Kuhurin gefüllte Büchse. Auch der Kuhurin zieht die Fliegen an. Das Tsetse-Projekt beruht auf dem Push-and-Pull-Prinzip, bei dem Anziehung und Abstossung miteinander kombiniert werden. Angezogen werden die Tsetsefliegen durch das Blau der Fallen und durch den Kuhurin, abgestossen werden sie durch einen Geruchsstoff, der aus einem kleinen Gefäss ausströmt, das alle Rinder an einem Riemen um den Hals tragen.

Die Tsetsefliegen können mit dieser Methode um mehr als neunzig Prozent reduziert werden. Ein junger Massaihirte gesellt sich zu uns und bittet uns eindringlich auf englisch, uns bei den Forschern für eine Fortsetzung des Versuchs einzusetzen.

Auf dem Rückweg sagt Hans Herren, dass die blauen Fallen auch in Äthiopien eingeführt werden sollen. Wenn er anfänglich ein stark englisch gefärbtes Schweizerdeutsch gesprochen hat, so redet er inzwischen ein breites Berndeutsch. Ab und zu sucht er noch nach einem Begriff. Er erzählt, sie hätten inzwischen auch einen neuen abstossenden Duftstoff gefunden. Den Forschenden des ICIPE sei schon früher aufgefallen, dass Wasserböcke nie von Tsetsefliegen befallen würden. Die Vermutung lag nahe, dass Wasserböcke im Schweiss einen Geruchsstoff absondern, den Tsetsefliegen nicht vertragen. Also legten sie einigen Wasserböcken spezielle Bauchgurten mit geruchsabsorbierenden Zwischenschichten um, die das ICIPE entwickelt hatte. Die Geruchsstoffe wurden nachher im Labor biochemisch aufgeschlüsselt. Heute kennt man das Geruchsmolekül, das Tsetsefliegen in die Flucht treibt. Es soll als nächstes synthetisch hergestellt werden.

Zurück am ICIPE-Hauptsitz in Nairobi, erwartet uns der aus Tansania stammende Forscher Ahmed Hassanali mit seiner Forschungsgruppe. Seit zehn Jahren erforscht er das Verhalten der Wüstenheuschrecken; aus seinem Computer blickt uns eine grosse Wüstenheuschrecke an – »mein Bildschirmschoner«, meint er schmunzelnd.

Nach einer Einführung besuchen wir das Labor, in dem Heuschrecken aufgezogen werden. Aberhunderte von Insekten kriechen und springen über- und durcheinander. Sie fressen, fressen, fressen. Raschelnde Geräusche und hie und da ein deutliches Knacken sind zu hören. Das Futtergras, das kurz zuvor in den Käfig gestellt wurde, ist im Nu vertilgt. Fasziniert – und mit einem mulmigen Gefühl im Bauch – schauen wir zu. Es fällt leicht, sich vorzustellen, wie Milliarden Wüstenheuschrecken als schwarze Wolke über ein grünes Land herfallen und eine Verwüstung biblischen Ausmasses hinterlassen. Ein solcher Schwarm hat 1997/98 die Vegetation von 1,4 Millionen Hektar Land in Madagaskar praktisch gänzlich zerstört.

Eigentlich sind Wüstenheuschrecken über Jahre und Generationen hinweg harmlose Einzelgänger, die gelegentlich Gruppen und kleine Schwärme bilden. Dann aber, und wie auf einen Schlag, bildet sich ein Schwarm, der aus vierzig Milliarden Heuschrecken bestehen kann und über einen Landstrich herfällt. Wie und warum werden aus harmlosen Einzelgängern plötzlich gefährliche Heuschreckenschwärme? Lässt sich die Schwarmbildung verhindern? Können schon entstandene Heuschreckenschwärme aufgelöst werden? Ahmed Hassanalis Gruppe sucht eine Antwort auf diese Fragen.

Die Lösung könnte in Duftstoffen liegen, denn Heuschrekken kommunizieren mittels Duftsignalen miteinander. Mit Duftstoffen regulieren sie ihr Schwarmverhalten und sorgen dafür, dass die Insekten sich alle zur genau gleichen Zeit paaren und gemeinsam ihre Eier ablegen. Die trächtigen Weibchen locken einander mit einem chemischen Duftsignal zum gemeinsamen Ablageort für die Eier.

Ahmed Hassanalis Team hat schon ein regelrechtes »Alphabet« der Duftstoffe, mit denen die Heuschrecken ihr Leben organisieren, identifiziert und isoliert. Der nächste Schritt war, durch den Einsatz von Duftstoffen Verhaltensänderungen zu bewirken. Nach Hunderten und immer anders angelegten Versuchen wurde das Team eines Tages Zeuge eines unglaublichen Geschehens: Hüpferbanden – das sind Schwärme von jungen Wüstenheuschrecken –, die mit einem Duftstoff erwachsener Wüstenheuschrecken besprüht worden waren, wurden plötzlich hyperaktiv, schwärmten orientierungslos durcheinander und begannen sich zu kannibalisieren. Der Schwarm – kurz zuvor noch ein geordneter Megakörper – zerfiel in einzelne Teile. Die Insekten verwandelten sich wieder in harmlose Einzelgänger zurück, eine leichte Beute für die Vögel.

Elektrophysiologische Untersuchungen an der Universität Lund in Schweden ergaben, dass die Duftstoffe der erwachsenen Insekten die Signalübertragung zwischen den jungen Hüpfern vollständig blockiert hatten. »Die Kommunikation war plötzlich unterbrochen, so, wie wenn das Telefonkabel durchgeschnitten würde«, erläutert Ahmed Hassanali und unterstreicht seine Worte mit der entsprechenden Geste. Seiner Gruppe ist es gelungen, die Duftstoffe synthetisch und in grösseren Mengen herzustellen. Sie will sie bei der nächsten drohenden Schwarmbildung testen. »Dies«, sagt Ahmed Hassanali, »wäre eine einfache und extrem umweltfreundliche Methode.«

Nach einigen Tagen fahren wir nach Westkenia in die Region des Viktoriasees. Das ICIPE hat dort gemeinsam mit einer Gruppe von Bauernfamilien ein Push-and-Pull-System zur Bekämpfung der beiden schlimmsten Schädlinge von Mais und Sorghum in ganz Afrika entwickelt: den Stengelbohrer und das Unkraut Striga. Der Stengelbohrer allein kann in kürzester Zeit bis zu achtzig Prozent der Ernte vernichten. Werden die Felder von Stengelbohrer und Striga gemeinsam heimgesucht, fällt oft die gesamte Ernte aus. Ich bin besonders gespannt auf dieses Projekt, denn davon hatte der Artikel in »Nature«, der mich auf Hans Herren und das ICIPE aufmerksam machte, gehandelt.

Wo immer wir hinkommen, zeigt sich dasselbe Bild wie bei der Bäuerin Rispa Ouzo. Sie führt uns zu einem kleinen Maisfeld, das einen erbärmlichen Anblick bietet. Die Pflanzen sind kaum einen Meter hoch, die Blätter sind gelb und sehen zerfetzt aus, nur ganz vereinzelt sind Kolben zu sehen. Gleich daneben aber stehen in saftigem Dunkelgrün zwei Meter hohe Pflanzen mit gesunden und kräftigen Kolben. Dabei handelt es sich um dieselbe Maissorte, und auf beiden Feldern ist zur gleichen Zeit angepflanzt worden.

Extremer könnte der Unterschied zwischen den beiden Feldern nicht sein. Das eine ist das Opfer des Stengelbohrers und des Unkrauts Striga geworden. Was war das Geheimnis des unversehrten Maisfeldes? Zwischen die Maisreihen hatte die Bäuerin die bodendeckende Bohnenpflanze Desmodium gepflanzt. Deren Geruch stösst den Stengelbohrer ab und vertreibt ihn aus dem Feld. Das ist der eine Teil des Systems. Der andere besteht darin, dass an den Rändern des Feldes rundherum und in drei Reihen Napiergras angebaut wird. Der Duft dieses Grases zieht den Stengelbohrer an und lockt ihn aus dem Maisfeld heraus. Das Napiergras produziert zudem einen klebrigen Stoff, der für die Larven des Stengelbohrers zur Falle wird. Hinaustreiben und anlocken, auf englisch: push and pull.

Auch dieses Push-and-Pull-System wurde am ICIPE entdeckt. Ausgangspunkt war die Überlegung, dass der Stengelbohrer lange vor dem Mais in Afrika heimisch war und sich von Wildgräsern ernährte. Dann, vor etwa hundert Jahren, wurde der Mais eingeführt. Er wurde zur idealen Beute des Stengelbohrers, da er keinerlei Abwehrmittel gegen den Schädling hatte und extrem nahrhaft war. In jahrelanger Arbeit suchte das ICIPE gemeinsam mit den lokalen Bauerngemeinschaften nach Wildgräsern, auf deren Duftstoffe der Stengelbohrer reagiert. Dabei stiessen sie auf das Napiergras und auf das Bohnengewächs Desmodium. Die Kombination der beiden Pflanzen erwies sich nicht nur als ideales Push-and-Pull-System gegen den Stengelbohrer, es zeigte sich, dass Desmodium darüber hinaus das Unkraut Striga unterdrückt. Ein wahrer Glücksfall, denn so wunderschön rosarot das Unkraut Striga auch blüht, es ernährt sich von der Maiswurzel und ist kaum auszurotten. Und als ob es damit noch nicht genug wäre: Napiergras und Desmodium sind reich an Proteinen und können als Tierfutter verwendet werden.

Rispa Ouzo, die als eine der ersten für den ICIPE-Versuch ausgewählt wurde, weil ihre Felder besonders schlimm von Stengelbohrer und Striga befallen waren, erzählt, sie habe mit dem Verkauf von Napiergras und Desmodium das Schulgeld für ihre Kinder bezahlen können. Sie will in Zukunft Desmodium anpflanzen, um den Samen den Nachbarn zu verkaufen. Denn inzwischen möchten alle auf das Push-and-Pull-System umsteigen.

Zurück in Nairobi, entdecke ich an der Pinnwand des Gästehauses einen Zeitungsartikel mit dem Titel »Gentechnik gegen den Stengelbohrer«. Der Artikel berichtet, dass der Schweizer Agrokonzern Syngenta in Kenia genmanipulierten Bt-Mais testen wolle. Dieser Mais produziert in allen seinen Zellen ein Gift des Bakteriums *Bacillus Thuringiensis* (ein Bt-Gift); die Pflanze wirkt quasi selbst wie ein Insektizid. Syngenta wolle prüfen, ob der Bt-Mais auch gegen den Stengelbohrer wirksam sei. Das kenianische Forschungsinstitut KARI und die südamerikanische Organisation CYMMIT beteiligten sich am Versuch. Falls die Freisetzungsexperimente erfolgreich seien, wolle Syngenta den genmanipulierten Bt-Mais zur Bekämpfung des Stengelbohrers in Kenia einführen. Das ICIPE, so berichtet die Zeitung weiter, habe sich zu diesem Projekt skeptisch geäussert. Im Artikel selbst wurde eine wüste Polemik gegen das ICIPE und seinen Leiter losgetreten: Hans Herren wolle Afrika den Gebrauch der Gentechnik vorenthalten, und dies sei rassistisch.

Ich frage Hans Herren nach den Hintergründen. Die Zeitung hätte ihn falsch interpretiert, meint er, aber offenbar führe bereits die leiseste Kritik an diesem nationalen Prestigeprojekt zu einer solchen Überreaktion.

»Der Bt-Mais kann vielleicht einmal eine Teillösung für ein Problem darstellen, doch das ist immer nur eine Einzellösung, immer nur ein kleiner Teil im ganzen integrierten Pflanzenschutz. Was ist mit den andern Problemen? Ob aus dem Bt-Mais in Kenia je etwas wird, wissen wir nicht. Das wird sich in den nächsten zehn Jahren herausstellen. Doch mit unserer Push-and-Pull-Methode gibt es eine Alternative, die gut funktioniert. Sie ist schon jetzt verfügbar, und die Bauern und Bäuerinnen setzen sie ein. Sie wurde gemeinsam mit ihnen entwickelt und ist eine integrierte Lösung für das Problem des Stengelbohrers und des Unkrauts Striga. Darüber hinaus können die Pflanzen als proteinreiches Tierfutter genutzt werden. Das Bohnengewächs Desmodium liefert wertvollen Stickstoff und schützt den Boden vor Erosion. Das alles innerhalb eines einzigen Feldes. Es ist ein System, das Gerechtigkeit ermöglicht und eine nachhaltige Landwirtschaft fördert.«

»Dann sollte sich also das Push-and-Pull-System gegen den Gentech-Mais durchsetzen?« frage ich.

»Sicher. Das Problem ist aber, dass viele Stiftungen und Institutionen an solchen Lösungen nicht interessiert sind. Sie investieren lieber in Gentechnik, das ist spektakulärer, das ist sexy. Dabei ist der genmanipulierte Bt-Mais, um bei diesem Beispiel zu bleiben, einfach ein weiteres neues Pestizid, und sein Einsatz bedeutet nichts anderes, als zum alten Kalenderspritzen zurückzukehren.«

»Kalenderspritzen?«

»Ja, spritzen nach Schema F, wie dies früher gemacht

wurde. Am 12. Mai Pestizid A und am 3. Juni Pestizid B und so weiter. Das wirft uns 20 Jahre zurück in unserem Denken. Ich erinnere mich, als mein Doktorvater an der ETH Zürich mit dem begann, was heute Integrierte Produktion genannt wird – das war damals fast Ketzerei. Er sagte jeweils: Nicht gleich spritzen, zuerst zählen! Das hiess: die Anzahl der Schädlinge zählen, danach herausfinden, wann welcher Schädling zum Problem wird und was man dagegen unternehmen kann. Da gibt es verschiedenste Kulturmassnahmen – zum Beispiel in Windrichtung säen, damit die Pflanzen besser austrocknen und sich weniger Pilze bilden. Eine andere Möglichkeit ist die Biokontrolle, das bedeutet, sich nach natürlichen Feinden des Schädlings umzusehen. Eine dritte Möglichkeit ist, resistentere Pflanzen zu züchten. Erst wenn dies alles keine Resultate zeigt, werden als letzte Notmassnahme Pestizide eingesetzt. Bt-Mais hingegen funktioniert wie ein Pestizid. Der Mais produziert sein Bakteriengift immer, von Frühling bis Herbst, von morgens bis abends, unabhängig davon, ob Stengelbohrer da sind oder nicht.«

Ich frage Hans Herren, ob er grundsätzlich gegen Gentechnik sei oder Möglichkeiten sehe, das Wissen um die Gene in die Forschung einfliessen zu lassen.

Er sei kein Gegner dieser Technologie. Am ICIPE zum Beispiel werde mit gentechnischen Methoden das Erbgut von Mücken und Fliegen untersucht. Gesucht würde nach spezifischen Genmarkern im Erbgut von Insekten, um die verschiedenen Unterarten genetisch voneinander unterscheiden zu können. Dies sei enorm wichtig, weil die Unterarten oft extrem schwierig auseinandergehalten werden könnten und die Kontrollmethoden je nach Unterart ganz verschieden seien. Ein weiterer Vorteil sei, dass mit gentechnischen Methoden die Insekten bereits im Larvenstadium unterschieden werden könnten. Genmarker seien auch in der Pflanzenzucht manchmal höchst sinnvoll.

Nach zwei Wochen ist unser Besuch am ICIPE zu Ende. Mich hat beeindruckt, wie das Vielfaltsdenken omnipräsent ist, bei jedem Forschenden und für jedes Problem. Wir haben eine Gensequenziermaschine bei der Arbeit gesehen und mit Massaihirten gesprochen. Diese Verbindung von modernster Technologie mit der Erfahrung von Bauern und Bäuerinnen erscheint mir visionär.

Drei Jahre später steht Hans Herren gegen zehn Uhr abends bei mir in Münchenstein vor der Tür, zusammen mit seiner Schwester und deren Partner. Er ist am Morgen von Chicago nach Kloten geflogen, hat den ganzen Tag in Zürich mit Besprechungen verbracht und ist am Abend bei einer grossen Veranstaltung aufgetreten. Zu viert sitzen wir in der Küche, eine Pilzsuppe mit frischen Eierschwämmen und italienischem Petersilienkraut dampft in den Tellern, und das Gespräch dreht sich um Hans Herrens Hauptanliegen: Afrika, Armut und Malaria.

Natürlich möchte ich erfahren, was aus den Projekten geworden ist, die ich drei Jahre zuvor besucht habe. Aber dafür habe ich mir den nächsten Morgen reserviert. Gegen Mitternacht frage ich Hans Herren, ob er denn nicht müde sei, und seine Schwester lacht und antwortet an seiner Stelle: »Hans ist wie unsere Mutter, sie hat auch eine grenzenlose

Energie und kann keine Sekunde ruhig sitzen bleiben.« Die Geschwister erzählen, dass ihre Eltern im Wallis Tabakanbau betrieben haben und dass sie oft helfen mussten, den Tabak für die Rösslistumpen zu pflücken und fürs Trocknen zu Büscheln zu binden. »Das war Kinderarbeit, wie sie heute in Afrika überall noch üblich ist«, sagt Hans Herren.

Am nächsten Tag nach dem Frühstück beantwortet er meine Fragen – sichtlich erfreut über mein Interesse. Wir sitzen uns in meinem Arbeitszimmer gegenüber, zwischen uns das Tonbandgerät.

»Beginnen wir mit dem Tsetse-Projekt. Gibt es da Neuigkeiten?«

»Die blauen Tsetse-Fallen exportieren wir inzwischen auch nach Äthiopien, und es ist uns gelungen, den Duftstoff des Wasserbocks synthetisch herzustellen. Jetzt wird er bei den Massai und ihren Zebuherden im Rift Valley getestet. Einmal hat ein Forscher ein Gläschen mit diesem Geruchsstoff im Labor umgestossen – das hat tagelang mörderisch gestunken, so richtig *böckelet het's.*«

»Das kann ich mir lebhaft vorstellen. Und wie sieht es beim Push-and-Pull-System gegen den Stengelbohrer aus? Ist das Programm immer noch so erfolgreich?«

»Dieses Push-and-Pull-System wird heute in Äthiopien, Uganda und Tansania angewendet, und wir arbeiten eng mit den nationalen Forschungsinstituten zusammen.«

»Wie weit ist das Syngenta-Projekt mit dem genmanipulierten Mais? Hat sich die Situation beruhigt?«

»Das kann man sagen, wir arbeiten jetzt teilweise bei der Bestimmung der verschiedenen Stengelbohrerarten zusammen. In der Zwischenzeit haben wir herausgefunden, dass es nicht nur einen Stengelbohrer gibt; wir haben in den letzten Jahren 28 Unterarten allein in Kenia gefunden. Jede Unterart reagiert etwas anders; manche sind sehr gefährlich, andere weniger, einige sprechen auf spezielle Düfte an, andere nicht. Die Situation ist von Ort zu Ort und je nach Unterart verschieden, was bedeutet, dass eine Bekämpfung des Stengelbohrers mit Gentechnik fast unmöglich ist, weil eine ganze Palette von Genen in den Bt-Mais eingebaut werden müsste. Wir vom ICIPE untersuchen jetzt, wie die Wildgräser mit dieser Vielfalt zurechtkommen, und haben festgestellt, dass diese lokal sehr unterschiedlich reagieren.«

Kaffeepause. Wir gehen in die Küche hinunter und warten, bis der Kaffee in der Maschine hochbrodelt. Draussen auf dem Holzstoss keifen sich zwei Amseln an. Regen tropft von der Traufe an diesem trüben Herbsttag.

Unvermittelt sagt Hans Herren: »Diese Milch hier, weisst du, wie hoch eine Kuh in den Industrieländern subventioniert wird? Mit 940 US-Dollar pro Jahr. Und weisst du, wieviel jemand in Afrika durchschnittlich verdient? 490 US-Dollar im Jahr. Das ist der Unterschied. Wie soll da die afrikanische Landwirtschaft je auf einen grünen Zweig kommen?«

Das Tonband läuft wieder. Viele Fragen schwirren mir durch den Kopf. Warum geraten Gentechnik und Bioforschung, wie sie das ICIPE betreibt, immer so aneinander? Stehen hinter diesen beiden Ansätzen nicht auch unvereinbare Weltbilder? Auf der einen Seite ist die Gentechnik der Agrokonzerne mit ihren Versprechungen, es gebe schnelle und einfache Lösungen, die nach dem Muster funktionieren: Wir setzen ein neues Gen in die Pflanze, und das Problem ist gelöst. Wir schleusen das Giftgen einer Bakterie in den Mais, und der Stengelbohrer stirbt beim Fressen ab. Das sind einfache, elegante Lösungen. Im Gegensatz dazu ist die Bioforschung unspektakulär, komplex. Sie betont das Eingebundensein in das Ganze und schlägt jeweils ein vielfältiges Bündel von Lösungen vor. Ob er das ähnlich sehe, frage ich.

Hans Herren rückt seine langen Glieder in eine bequemere Lage, bevor er antwortet: »In der Philosophie des ICIPE gibt es ein wichtiges Schlüsselwort, es heisst Integration. Wir gehen eigentlich immer gleich vor. Zuerst kommt die Frage: Welches sind die Schlüsselprobleme? Wir beginnen bei einem Schlüsselproblem und versuchen nach und nach auch die anderen einzubeziehen. In vielen Gebieten Äthiopiens sind Tsetsefliegen das grösste Problem; die Verluste bei Viehherden sind immens. Doch sobald dieses Problem unter Kontrolle ist, kommt schon das nächste: Malaria. Die Bauern sagen: ›Meine Kühe leben alle, aber meine Kinder sterben. Das ist nicht gut.‹ Also müssen wir etwas gegen Malaria tun. Das übernächste Problem wartet schon: Ohne Geld kommt nichts in Gang. Die Einkommen müssen verbessert werden, damit sich die Leute selber helfen können. Darüber hinaus stellt sich das Problem der Aufklärung und Schulung: Wenn die Tsetsefliegen erst einmal dezimiert sind und die Tiere gesund bleiben, ziehen die Familien mehr Jungtiere auf; die Herden vergrössern sich. Dann gibt es bald zu viele Tiere. Wegen der Bodenerosion und ähnlicher Probleme geht alles wieder kaputt.«

»Ich war beeindruckt, wie intensiv ihr vom ICIPE mit den Bäuerinnen und den Massaihirten zusammenarbeitet und diese Leute mit ihrem Erfahrungsschatz in die Forschung einbezieht.«

»Das ist ein Teil des Ganzen – ein wichtiger allerdings. Integration geht aber noch weiter. Wir müssen bei der Tsetsefliege wissen: Wie verhalten sich die Populationen, was genau macht eine individuelle Fliege, wie sieht dies auf der Zellebene aus, und was passiert auf der molekularen und auf der genetischen Ebene? Wir untersuchen die Biochemie der Duftstoffe, und wir machen Feldversuche mit ganzen Fliegenpopulationen. Im Feld arbeiten wir mit den Bäuerinnen und Bauern zusammen, im Labor dann nicht mehr. Alle diese Ebenen müssen zusammenkommen. Manchmal wäre es einfacher, im stillen Kämmerlein allein an etwas herumzutüfteln. Doch das geht nicht. Es ist nicht einfach eine Einbahnstrasse, sondern ein Zyklus.«

Ein schönes Bild, denke ich: Zyklus statt Einbahnstrasse, ein Zyklus, der in eine Aufwärtsspirale münden soll.

Hans Herren ist schon beim nächsten Problem angelangt und sagt, manchmal würden die Dinge eine Wendung nehmen, auf die man nie gekommen wäre. Er führt als Beispiel jene Bäuerinnen an, die, als sie merkten, dass dank der Push-and-Pull-Methode der Mais prächtig gedieh, zusätzlich Baumwolle anpflanzten und dabei – wie sie es gewohnt waren – Pestizide spritzten. Beim Mais wussten sie, dass sie nicht spritzen durften, aber Baumwolle, das war ja etwas anderes. Kopfschüttelnd sagt er: »Der Glaube, dass Baumwolle diese Medizin braucht, ist im Bewusstsein der Menschen tief verankert. Da haben wir fast verloren; nur mit Mühe konnten wir die Bäuerinnen davon abhalten, all diese Agrochemikalien zu applizieren. Deshalb bildet das ICIPE nun sogenannte Ecotrainer aus, die ihr Wissen an Bauern und Bäuerinnen weitergeben. Daraus soll ein Schneeballeffekt resultieren. Aber es gibt auch harmlosere Überraschungen. Eine Bäuerin, die wir schon lange kennen, hatte dank Push-and-Pull gute Maiserträge und begann Wassermelonen anzupflanzen. Die Melonen gediehen prächtig. Es waren viel zu viele; sie wusste gar nicht, was sie damit anfangen sollte. All die Melonen zur Strasse hinaufzutragen wäre eine Riesenarbeit gewesen, und es hätte dafür auch keinen Markt gegeben, weil die wenigsten diese Frucht kannten. Sie wollte sie dem ICIPE verkaufen, doch was sollten wir damit? Wir haben ihr geraten, die Melonen in den Schulen zu verteilen. Die Frau hatte eine gute Idee, aber wie man sieht: Alles ist weitreichender verknüpft, als man denkt.«

Chipkofrauen am Saatgutfestival (Foto: F. Koechlin)

Chipkofrau referiert (Foto: F. Koechlin)

Vandana Shiva (Foto: F. Koechlin)

Abstimmungskampagne zur Gen-Schutz-Initiative 1998

Blaue Falle für Tsetsefliegen (Foto: A. Hagmann)

Zeburind mit »Tsetse-Repellent« (Foto: A. Hagmann)

Push-and-Pull-System: Rispa Ouzo vor dem zerstörten Maisfeld (links) und dem gesunden Maisfeld (rechts) (Fotos: F. Koechlin)

Hans Herren (Foto: A. Hagmann)

Stengelbohrer (Foto: A. Hagmann)

Adolf Portmann, Biologieprofessor in Basel

Was erlebt die Biene, wenn sie sieht?

Aus Afrika zurückgekehrt, wird mir bewusst, dass eine integrierte und »ganzheitliche« Forschung auch bei uns eine lange Tradition hat. In der Geschichte der Biologie des 19. und 20. Jahrhunderts gab es immer wieder einzelne hervorragende Biologen, die neben ihren klassischen wissenschaftlichen Arbeiten darauf hinwiesen, dass das Leben nur umfassend verstanden werden kann. Einer davon war der Basler Biologe Adolf Portmann.

Als Studentin hatte ich einige wenige Vorlesungen bei ihm gehört; es muss kurz vor seiner Emeritierung gewesen sein. Ich sehe Adolf Portmann noch vor mir, wie er in den Vorlesungssaal tritt; eine hagere Gestalt mit schmalem, kantigem Gesicht und mit nach hinten gekämmtem Haar. Er erläutert, wie sich aus der Fischbrustflosse der Vogelflügel und der Menschenarm entwickelt haben. Unser Arm ist also nichts anderes als eine in Jahrmillionen veränderte Fischflosse? Das waren grossartige Bögen über weite Zeiträume, und ich erinnere mich an seine ansteckende Begeisterung und an das unbeschreibliche Gefühl, mit dem ganzen Tierreich verbunden zu sein.

Das war vor mehr als 30 Jahren. Es waren die Jahre um 1968, eine unruhige Zeit, und die Politik war mir damals wichtiger als alles andere. Die Progressiven Organisationen der Schweiz (POCH), Strassenbahnblockaden, Widerstand gegen das AKW Kaiseraugst spielten eine grosse Rolle

– wir glaubten fest daran, die Welt verbessern zu können. Für das Studium blieb nicht viel Zeit.

Das bereue ich heute. Vor allem in bezug auf Adolf Portmann: Wer war er, welche weltanschaulichen Ansichten vertrat er, was können wir heute von ihm lernen?

Auf der Suche nach seinen Spuren hilft mir der Biologe Markus Ritter. Er ist in Basel vor allem als Mitbegründer der Grünen Partei und langjähriges Mitglied des Grossen Rates bekannt, aber Markus Ritter ist auch ein profunder Kenner Adolf Portmanns. Er bestätigt meinen Eindruck: »Adolf Portmann war sicher einer der grössten Biologen des 20. Jahrhunderts, und er war ein vehementer Gegner der Rassenlehre der Nationalsozialisten. Ihn interessierte die stupende Vielfalt der lebenden Welt. Er versuchte, Lebewesen in einem umfassenden Sinn zu verstehen.« Mit Markus Ritter mache ich mich auf den Weg, um in der Stadt einige Orte aufzusuchen, die für Adolf Portmanns Leben und Wirken von Bedeutung waren. Unser Spaziergang beginnt beim Haus, in dem er aufwuchs, und endet am Zoologischen Institut der Universität Basel, wo er seine Forschungen betrieb und Vorlesungen hielt.

Wiesenplatz 8. Adolf Portmann kam 1897 zur Welt und wohnte bis zu seinem 26. Lebensjahr am Wiesenplatz auf der Kleinbasler Seite des Rheins zwischen den chemischen Fabriken und dem ehemaligen Fischerort Kleinhüningen. Das Haus Wiesenplatz 8 ist ein gedrungener Bau mit sechs Wohnungen unter einem wuchtigen Kuppeldach. Das Gebäude macht heute einen etwas verlotterten Eindruck. Auf dem Ockergelb der Sichtbacksteine im Erdgeschoss sind Graffiti wie »Tod den USA« und »Blockiert das WEF« zu lesen. Im Garten hinter dem Haus tschilpen die Spatzen an diesem milden Februartag.

Der Lärm von Autos und Strassenbahnen erschwert unser Gespräch. Markus Ritter muss sehr laut reden, damit ich überhaupt etwas verstehe. Adolf Portmanns Vater arbeitete als Wagenführer und später in der Verwaltung der Basler Verkehrsbetriebe. Seine Mutter kam aus einer Arbeiterfamilie in Lörrach. In seinen Erinnerungen wird Adolf Portmann später schreiben: »Aufgewachsen in einer Familie überzeugter sozialistischer Kämpfer, erlebte ich den Generalstreik in der Schweiz am Ende des Ersten Weltkrieges auf der linken Seite der Politik. Dieser blieb ich tief verbunden, auch als mich die wissenschaftliche Arbeit der tätigen Politik entfremdete und mir andere soziale Aufgaben zuwies. Dass der geistige Sumpf des Faschismus in Italien und die braune Flut in Deutschland meine ursprüngliche innerste Ausrichtung noch stärkten, wird nicht erstaunen.«

Die zweite starke Prägung der Jugendjahre Adolf Portmanns war der Rhein und das Ufergebiet mit den Fabriken und weiten Schotterfeldern, damals ein Ödland am Rande der Stadt. Adolf Portmann wird dieses Ödland später »mein Paradies« nennen, und er wird die zahllosen Unkräuter, die dort blühten, als »meinen Reichtum« bezeichnen. In seinem Buch »Alles fliesst« schreibt er: »Ich denke an frühe ferne Jahre zurück, wo meine freie Zeit dem Rhein und dem Rheinufer gehörte, dem Landeplatz der Flösse vor allem, unten im Ciba-Gebiet – wo wir im Sonnenschein auf den gelandeten Stämmen herumturnten und den herben Duft des trocknenden Holzes und der frisch geschälten Rinde genossen. Wie oft bin ich aber auch während der Hochwasser am Rhein gewesen, habe die Wellen bestaunt, unzählige Male das Aufwallen der gelben Fluten an den massigen Pfosten erforscht und gezeichnet, wo die Flösse festgemacht wurden. Ich habe den wilden Strudel des Hinterwassers mit allen Sinnen in mich aufgenommen – zusammen mit den bleigrauen regenschweren Wolkenbänken des Föhns, mit dem finsteren Indigoblau der Berge hinter dem Schlammgelb der Fluten.«

Zur Begeisterung für die Natur kommt früh eine weitere Leidenschaft hinzu, jene für das Zeichnen und Aquarellieren. Adolf Portmann verdient sich bald mit der Illustration von Indianerheften etwas Taschengeld. Später in München – wo er das in Genf begonnene Studium der Biologie fortsetzt – belegt er Kurse für Zeichnen und Kunstgeschichte. Auch dem Wasser bleibt er treu. Auf München folgt Banyuls-sur-Mer in Südfrankreich, wo er während einiger Jahre die maritime Tierwelt erforscht. In Südfrankreich lernt er auch seine Frau, Geneviève Devillers, kennen. 1928 nach Basel zurückgekehrt, wird Adolf Portmann 1931 – er ist erst 34 Jahre alt – Professor und übernimmt die Leitung des Zoologischen Instituts am Rheinsprung, wo er bis zu seiner Emeritierung 1968 forscht und lehrt.

Am Zoologischen Institut entwickelt er die zwei Hauptstränge seiner Lehre, die durch ihren umfassenden und »ganzheitlichen« Ansatz viele Glaubenssätze der damaligen Biologie auf den Kopf stellten. Der eine Strang ist die Gestaltforschung, der andere die Evolutionsgeschichte des Menschen.

Worum ging es ihm bei der Gestaltforschung oder vergleichenden Morphologie? Seine Frage war: Wie gestaltet ein Tier – zum Beispiel die maritime Hinterkiemerschnecke *(Opisthobranchia)* – ihr Leben, wie entwickelt sie sich vom Ei bis zur erwachsenen Schnecke? Drückt die bizarre und farbenprächtige Gestalt der kleinen Schnecke etwas aus, was über das Lebensnotwendige hinausgeht? Was hat ihre Gestalt und die darin verkörperte Ausdrucksvielfalt mit ihrer inneren Kraft – Adolf Portmann nennt es »Innerlichkeit« – zu tun?

Innerlichkeit – das ist ein schwieriger Begriff. Beim Lesen von Adolf Portmanns Texten hatte ich anfänglich das Gefühl, er bezeichne damit etwas, was ihm sehr wichtig, mir aber nicht zugänglich ist. Hatte mein ehemaliger Studienkollege recht, der behauptete, Adolf Portmann sei ein Mystiker gewesen und habe allzuoft unwissenschaftlich argumentiert?

Während meines Biologiestudiums in Basel hatte ich gelernt, dass »niedere« Tiere, wie Insekten oder Fische, einzig von ihren Instinkten geleitet werden. Eine Biene beispielsweise reagiert auf einen bestimmten Reiz immer genau gleich, sie kann keine Wahl treffen. Ihr Verhalten ist von Anfang an determiniert, sie funktioniert wie eine Maschine und ist nicht lernfähig.

Das Bild von der Biene hat sich inzwischen grundlegend geändert. Wir wissen heute, dass Bienen lernen können: Im Labor begreifen sie, dass ein bestimmter Duftstoff Futter bedeutet und ein anderer nicht. Sie wählen nur noch die futterverheissende Duftquelle. Das heisst, Bienen sind lernfähig, und sie treffen Entscheidungen. Wir wissen heute auch, dass Bienen mit ihren Nachbarinnen immerfort »Gespräche führen« – mit Hilfe von Duftstoffen. Mit Duftstoffen weisen sie sich gegenseitig den Weg zu einer guten Futterquelle, mit Hilfe von Duftsignalen koordinieren sie ihr kompliziertes Leben im Bienenstock.

In einem Gespräch mit dem Quantenphysiker Werner Heisenberg beschreibt Adolf Portmann Innerlichkeit »als das Faktum, dass jedes handelnde Lebewesen in seiner Umwelt agierend ein selbständiges Zentrum ist, das Entscheidungen fällt, das eine Wahl trifft«. Vor diesem Hintergrund kommt mir der Begriff »Innerlichkeit« nicht mehr so mystisch vor. Vielmehr scheint mir, dass Adolf Portmann damit eine völlig neue Sicht der Dinge geschaffen hat. In seinem Buch »Biologie und Geist« stellt er sich die Frage: »Was ›sieht‹ die Biene, wenn sie Ultraviolett wahrnimmt?« Experimentell lässt sich nachweisen, dass die Biene Farbmuster auf den Blüten wahrnimmt, die uns verborgen bleiben, weil wir kein Ultraviolett sehen können. Unbeantwortet bleibt für Adolf Portmann aber, was dies für die Biene bedeutet, denn er ist überzeugt, dass auch Tiere »innere Gegenwelten« aufbauen, die ihr artspezifisches »Welterleben« bestimmen und nicht ein mechanistisches Abbild der Realität sind.

Die Ablehnung »mechanistischer« und grob vereinfachender Erklärungen sind ein entscheidender Antrieb in Adolf Portmanns Forschung und Werk. Dies zeigt sich vielleicht am deutlichsten dort, wo er die Gestaltlehre und die Evolutionstheorie Darwins miteinander verbindet. Ein klassisches Beispiel für diese Verbindung sind seine Ausführungen über den sogenannten Hodenabstieg bei Wirbeltieren. Ihr Ausgangspunkt ist die Beobachtung, dass sich in der Evolution der Wirbeltiere die Hoden aus der vorderen Bauchlage – etwa beim Fisch – nach hinten zum analen Körperpol hin verschieben, bis sie sich schliesslich in einem Hodensack ausserhalb der Bauchhöhle befinden. Weshalb, fragt sich Adolf Portmann, wandern die arterhaltenden männlichen Geschlechtsorgane bei höherentwickelten Tieren in eine so gefährlich exponierte Lage? Selektion kann dafür kein Grund sein, denn nichts im Daseinskampf hat die Hoden dazu veranlassen können, aus der schützenden Bauchhöhle nach aussen und unten zu treten. Die einzige Erklärung für dieses Paradox ist nach seiner Überzeugung der »Darstellungswert der Gestalt«.

Was aber versteht er unter Darstellungswert der Gestalt? In »Biologie und Geist« heisst es: »Wir beobachten mit zunehmender Gehirnausbildung die immer stärker betonte Ausformung von besonderen Merkmalen des Kopfes. Bei Säugern sind dies Farbmuster, Mähnen, Bärte, Hörner, Geweihe, Zähne, Rüssel und anderes. Mit dieser Gestaltung des Frontalpols geht aber eine solche des Analpols parallel. Sie erlangt im Tierschwanz, der durch verschieden lange Behaarung ausgezeichnet wird, ornamentale Formwerte. Die Färbungen bei Huftieren und Affen ebenso wie die symmetrischen Haarwurzelbildungen bei Hunden verleihen dem Analpol zusätzlich eine gesteigerte Auffälligkeit. In diese lange Reihe ornamentaler Formwerte des Anal- und Fortpflanzungspols reiht sich auch der Hodensack als eine höchst formale Darstellung dieses Bereichs an.«

Was mir bei der Lektüre Adolf Portmanns immer mehr imponiert, ist sein sorgfältiges und behutsames Abtasten der Grenze: Bis wohin sind wissenschaftliche Erkenntnisse möglich, wo beginnt das Unbegreifliche, das wissenschaftlich – noch – nicht Fassbare?

Rheinuferweg. Vom Wiesenplatz 8 aus gelangen wir – vorbei an den Werk-, Labor- und Verwaltungsbauten der chemischen Industrie – an den Rheinuferweg. Adolf Portmanns Jugendparadies, das Ödland am Rande der Stadt, ist verschwunden. Die Kleinbasler Wohnquartiere haben sich schon vor langem an den chemischen Fabriken vorbei bis zum ehemaligen Fischerdorf Kleinhüningen ausgedehnt. Rheinabwärts sind die Türme und Hallen des Hafens zu sehen. Von dort bis zum Novartis-Hochhaus an der Dreirosenbrücke erstreckt sich zwischen dem Rheinufer und dem Rheinuferweg das Rangierfeld der Hafenbahn. Riesige Erdöltanks und vereinzelte Industrie- und Verladeanlagen stehen darin. Mit dem Rückgang des Güterumschlags im Hafen sind hier in den letzten zwanzig Jahren zwischen den Gleisen und entlang dem Ufer neue kleine Ödlandstreifen und Ödlandinseln entstanden.

Ich frage Markus Ritter, was über Adolf Portmanns späteres Leben bekannt sei. »Wenig«, antwortet er, »Privates ist bei ihm fast nie ein Thema gewesen.« Zu Hause sei französisch gesprochen worden, offenbar habe Geneviève Devillers nie Deutsch gelernt. Später wurde sie schwer krank, sie litt wahrscheinlich an einer Depression und musste in eine psychiatrische Anstalt eingewiesen werden. Adolf Portmann wollte, dass sie in eine französischsprachige Umgebung kam, und fand einen Platz in Yverdon, wo sie ihre letzten acht Jahre verbrachte. Er musste den Aufenthalt seiner Frau in Yverdon selbst bezahlen. »Das kostete ihn zwei Drittel seines Gehalts«, sagt Markus Ritter, »stell dir das einmal vor, Adolf Portmann war ein Professor mit vollem Pensum und gleichzeitig das, was wir heute einen Working Poor nennen würden.«

Eine depressive Frau, die acht Jahre lang in einer Klinik im fernen Yverdon lebte – wie ist Adolf Portmann damit fertig geworden? Oder war es vielleicht so, dass er so beseelt war von seiner Forschung, so mit Haut und Haar der Wissenschaft verschrieben, dass alles andere – auch sein familiäres Leben – in den Hintergrund rückte? Alle, die ihn gekannt haben, beschreiben ihn als »arbeitswütig«; um sieben Uhr morgens war er bereits im Institut, lange vor allen anderen. Er war immer freundlich, jedoch distanziert. Freunde hatte er keine. Seine Professorenkollegen sprach er mit Sie an, und für die Vorlesungen zog er sich einen weissen Labormantel über. Das war damals allerdings üblich.

Erstaunlich finde ich, dass alle Leute, die ihn gekannt haben, gänzlich in seinen Bann gezogen wurden. Seine langjährige Sekretärin, Marguerite Kottmann-Nadolny, schwärmt: »Ein ganz toller Mensch.« Bei sich zu Hause bewahrt sie vier dicke Ordner auf, in die sie alle Zeitungsartikel von und über Adolf Portmann eingeklebt hat. Sein ehemaliger Schüler Heinz Durrer beschreibt ihn als einen mitreissenden Redner und begnadeten Zeichner. Er sagt: »Für viele von uns war er unglaublich prägend. Noch heute treffen sich alte Portmann-Schüler und -Schülerinnen alle zwei Jahre zu einem Mittagessen im Zoologischen Garten. Da kommen Leute aus Deutschland und selbst aus den USA.« – »Der Zusammenhalt ist erstaunlich, 2003 waren wir wieder über 60 Personen«, ergänzt Marguerite Kottmann-Nadolny.

Auch Eduard Kellenberger, der als Initiator des Biozentrums mit Adolf Portmann in Konflikt geriet, sagt: »Er war ein ganzheitlicher, ein visueller Denker. Vom Detail schloss er immer auf das Ganze. Wenige haben Adolf Portmann begriffen.« Und die Buchhändlerin, bei der ich ein Portmann-Buch bestelle, erzählt, sie hätte fast Biologie studiert, so sehr sei sie von seinen Radiosendungen begeistert gewesen.

Dem breiten Publikum ist Adolf Portmann weniger aufgrund der Gestaltforschung bekannt, sondern wegen seiner Arbeiten zur Evolution des Menschen. Deren Ausgangspunkt ist die Feststellung, dass Menschen zwar aus dem Tierreich stammen, es aber markante biologische Unterschiede zum Tier gibt und es diese sind, die unseren Weg zu einem kulturellen, freien, geschichtlichen Wesen erst ermöglicht haben. Bedeutsam ist dabei insbesondere die Dauer der Schwangerschaft: Ein Gorillababy kommt voll entwickelt zur Welt, ein Menschenbaby hingegen ist bei der Geburt hilflos und unselbständig; es kommt quasi ein Jahr zu früh zur Welt. Dieses Jahr, so Adolf Portmann, verbringt das Baby in einem »sozialen Uterus«. Weshalb ist das so entscheidend? Seine Antwort lautet: »Weil damit das für höhere Säuger normale späte Ausreifen aller Strukturen im gleichmässigen, reizarmen, mütterlichen Medium in eine an Reizen reiche, wechselvolle Sozialwelt verlegt wird. Gerade in diesem der Uteruszeit abgewonnenen Jahr werden die aufrechte Haltung, das Sprechen, das Denken ausgebildet. Und dies geschieht auf Wegen, die sich als einzigartig human nachweisen lassen: durch eine Kombination von biologischen Reifungs- und sozial bedingten Lernprozessen.«

Es sind gerade solche Eigenschaften – aufrechter Gang, Spracherwerb, Denkfähigkeit und einsichtiges Handeln –, die das speziell Menschliche ausmachen. So konnte Kultur entstehen und damit auch Geschichte. Dies ist im Tierreich unbekannt. Die Mauersegler zum Beispiel ziehen im Sommer weite Kreise über unsere Städte, bis sie im Hochsommer in Richtung Süden ziehen, um im folgenden April zurückzukehren. Sie haben das schon zur Zeit der römischen Besiedlungen getan. »Die Segler«, sagt Adolf Portmann, »haben wohl seit undenkbaren Zeiten auch in menschlichen Wohnbereichen genistet, aber das hat ihre Lebensgewohnheiten nicht beeinflusst. Von einer wahren ›Geschichtlichkeit‹ ist in ihrem Leben nichts zu finden.«

Mittlere Rheinbrücke, »Lällekönig«. Auf unserem Weg am Kleinbasler Ufer rheinaufwärts sind wir zur Mittleren Rheinbrücke gelangt, überqueren sie und stehen auf der Grossbasler Seite. Am Eckhaus beim Brückenkopf ist eine Holzmaske befestigt, die einen König darstellt. Er streckt die Zunge heraus. Es ist der »Lällekönig«, und er zeigt den Kleinbaslern die Zunge, um sie zu ärgern.

Im Kleinbasel wohnte früher weitgehend die Unterschicht, im Grossbasel hingegen lebten der Mittelstand und die Bourgeoisie. Das waren die zwei Welten des Adolf Portmann. Stadtbekannt waren seine öffentlichen Vorlesungen, die er am Samstag von elf bis zwölf Uhr hielt. Bei diesen Veranstaltungen sassen auffallend viele Frauen aus besseren Kreisen, und unter den Studierenden bürgerte sich dafür schnell der Name »Pelzmantelkollegium« ein. Ein ehemaliger Doktorand von Adolf Portmann erzählt: »Die Frauen haben ihn angehimmelt. Sie kamen in Scharen, und das Pelzmantelkollegium musste in den grössten Hörsaal der Universität verlegt werden.« Der sozialistischen Tradition seines Elternhauses verbunden, engagierte sich Adolf Portmann in der Volksbildung. Er war von 1938 bis 1951 Präsident der Volkshochschule, gründete später »Schweizer Jugend forscht« und leitete diese Institution lange Zeit. Die grösste Hörerschaft erreichte er aber mit seinen Radiosendungen, in denen er – immer mit einem philosophischen Hintergrund – Tiergeschichten erzählte. Diese Sendungen erfreuten sich höchster Beliebtheit, auch wenn sie aus heutiger Sicht ein wenig pathetisch und altväterlich anmuten.

Markus Ritter nimmt seinen Bericht wieder auf und erzählt: »In den Jahren vor 1945 war die Biologie im deutschsprachigen Raum eng mit dem politischen Weltbild des Nationalsozialismus verschränkt. In Mode war ein simpler Neodarwinismus: Die Tüchtigsten überleben, die Schwachen oder Maladaptierten werden von der Natur ausgesondert und sterben aus. Adolf Portmann widersprach dezidiert und führte seine Gestaltlehre an: Warum, so fragte er, sind maritime kleine Hinterkiemerschnecken derart farbenprächtig, und warum haben sie eine so bizarre und unglaubliche Formenvielfalt? Das kann durch simple Selektionstheorien allein nicht erklärt werden.«

Scharf wehrte sich Adolf Portmann auch dagegen, dass tierische Eigenschaften einfach auf den Menschen übertragen wurden, um dessen Verhalten zu erklären. Weit verbreitet waren damals Argumentationsketten, die darauf hinausliefen, dass Raubtiere wegen ihres Aggressionstriebes aggressiv seien und Menschen als Teil des Tierreiches ebenfalls einen angeborenen Aggressionstrieb hätten, so dass Kriege »natürlich« und unvermeidbar seien. Dem hielt er entgegen, dass Menschen wohl Teil des Tierreiches seien, zugleich aber auch etwas radikal anderes, nämlich kulturell-historische Wesen, und solch simple Übertragungen mithin völlig unwissenschaftlich und verfehlt. In »Biologie und Geist« wird er später schreiben: »Mit der Verwirklichung der menschlichen Daseinsweise ist nicht einfach eine komplizierte Säugerart mehr entstanden, sondern eine gänzlich neue Lebensform, eine neue Stufe des Seienden, höher als die tierische im Rang ihrer Innerlichkeit, also ihres Welterlebens und ihrer Wirkungsmacht.«

Adolf Portmann wandte sich nicht nur als Forscher gegen die nationalsozialistische Rassenlehre und Eugenik, er engagierte sich auch öffentlich als Staatsbürger. In einem Zeitungsartikel aus der Nachkriegszeit steht: »Als ein bekannter deutscher Nobelpreisträger – im Auftrag des Reiches – während des Krieges in Basel einen Vortrag halten sollte, gehörte Portmann zu einer Widerstandsgruppe von Intellektuellen, die sich auf dem Barfüsserplatz versammelt hatte, um in den Saal einzudringen und den Auftritt zu verhindern. Man sagte den Vortrag in letzter Minute ab, nahm also zur Kenntnis, dass man in Basel vom Dritten Reich nichts wissen wollte.«

Die Zeit nach dem Zweiten Weltkrieg brachte Adolf Portmann viel Anerkennung und grosse Erfolge. Er wurde von den Besatzungsmächten beauftragt, die philosophisch-naturwissenschaftliche Fakultät der Universität Freiburg im

Breisgau wiederaufzubauen. Er nahm eine starke moralische Stellung ein, weil er die Rassenlehre immer bekämpft hatte und für eine »nicht kontaminierte Biologie« stand. Karl Jaspers war 1948 nach Basel berufen worden, Karl Barth war schon 1935 in die Schweiz zurückgekehrt. Das Dreigestirn Portmann/Jaspers/Barth prägte die kleine Universität Basel in den fünfziger und sechziger Jahren. Die Universität genoss hohes Ansehen – sie wurde zu einem Zentrum für intellektuelle Auseinandersetzungen in dieser schwierigen Nachkriegszeit.

Kurz nach Kriegsende wurde Adolf Portmann angefragt, ob er an der jährlich stattfindenden Eranos-Tagung in Ascona teilnehmen wolle. Er sagte zu. »Seither«, wird er später schreiben, »lebe ich von Eranos zu Eranos.« An den Eranos-Tagungen trafen sich weltbekannte Fachleute aus den Geistes- und Sozialwissenschaften, um über die grossen Themen ihrer Zeit zu diskutieren: Berührungspunkte zwischen östlichen und westlichen Kulturen, Fragen zu Leben und Tod, zur Entstehung des Menschen oder zur Bedeutung der Zeit. Carl Gustav Jung und der Quantenphysiker Erwin Schrödinger waren lange Zeit dabei sowie führende Ägyptologen, jüdische Mystiker und viele andere. Adolf Portmann suchte diese Grenzüberschreitungen; er war ein grosser Brückenbauer zwischen Biologie, Philosophie und Geisteswissenschaften. Über 30 Jahre lang nahm er an den Eranos-Tagungen teil.

Rheinsprung. Nach dem »Lällekönig« führt unser Weg nach links in den Rheinsprung, eine enge, steile Gasse, an der das Zoologische Institut steht. Karl Barth und Adolf Portmann waren oft zusammen am Rheinsprung zu sehen, da Theologie und Zoologie im gleichen Gebäude gelehrt wurden. Sie sahen aus wie Sancho Pansa und Don Quichotte. Karl Barth, nicht besonders gross und ein gemütlicher Pfeifenraucher, wirkte sehr diesseitig und interessiert an seiner Umgebung. Adolf Portmann hingegen machte einen asketischen und oft geistesabwesenden Eindruck.

Der Bezug zur Figur des Don Quichotte war nicht nur ein äusserlicher, Adolf Portmann kam sich selbst zusehends so vor. In seiner 1974 erschienenen Autobiographie »An den Grenzen des Wissens« schreibt er: »In einer Zeit, die von der Forschung praktische Anwendung fordert, die vom Biologen Darstellungen der durchschauten, der im technischen Sinne verstandenen Organismen erwartet, wurde es mir zu einem ständigen, ausgleichenden Bedürfnis, zu einer immer dringender werdenden Aufgabe, auf das Nichtdurchschaute hinzudeuten, auf das Ausmass des Unverstandenen nachdrücklich hinzuweisen. Wer das heute tut, muss in Kauf nehmen, zuweilen als Don Quichotte in der technischen Welt der Laboratorien zu erscheinen.«

Was war geschehen? In den sechziger Jahren war die Molekularbiologie aufgekommen. Die genetische Verbesserung des Menschen zog die Wissenschaftswelt in ihren Bann und weckte euphorische Erwartungen. Unter dem Titel »Der Mensch und seine Zukunft« *(Man and his Future)* fand 1962 in London das berühmte Ciba-Symposium statt, bei dem erstmals im Nachkriegseuropa die genetische Manipulation und Verbesserung des Menschen öffentlich diskutiert wurde. Die damals bekanntesten Genetiker – unter ihnen einige Nobelpreisträger – entwarfen dort ihre Visionen zur Planung des Menschen. Einer der Teilnehmer war der Nobelpreisträger Joseph Muller. Er plädierte dafür, mit kontrollierten Fortpflanzungstechnologien neue Menschen zu züchten, die intelligenter sind, weniger Schlaf brauchen oder länger leben. Er stellte eine Checkliste von positiven menschlichen Eigenschaften auf, die es anzustreben, und eine von negativen Eigenschaften, die es wegzuselektionieren gelte. Um die Selektion zu erreichen, schlug Muller vor, die Samenspende intelligenter Männer professionell auszubauen, das Tieffrieren von Eizellen und Spermien zu erforschen und – als kühnste Utopie – Menschen zu klonen.

Adolf Portmann war schockiert. In seinem 1966 erschienenen Aufsatz »Der Mensch im Bereich der Planung« heisst es: »Da betreiben wir heute einen wahren Götzendienst und tun, als sei wirklich der Schlüssel zu allem Erbgeschehen gefunden. Wer in Hinsicht auf das Erbgeschehen die Proportion zwischen gesichertem Wissen und noch unbekannten Vorgängen auch nur einigermassen ahnend vor Augen hat – mehr können wir ja nicht; das Unbekannte lässt sich doch nicht ermessen –, der kann gegenüber dem Optimismus mancher genetischer Planung nur ein kategorisches Nein aussprechen.«

Er selbst, steht im selben Aufsatz, bevorzuge eine andere Art der »Menschenplanung«, nämlich diejenige der Erziehung. Adolf Portmann schreibt: »Der uralte Weg der Erziehung von einer Generation zur folgenden erscheint mir als das sicherste Verfahren der Menschenformung. So darf es Sie nicht wundern, dass meine Darstellung der Menschenplanung in Erziehungsfragen ausmündet.« Es war seine Überzeugung, dass das, was den Menschen letztendlich ausmacht – seine künstlerische Begabung oder die Schärfe seines Intellekts –, aus »einem Zusammenwirken von unbekannten Erbanlagen mit bekannten sozialen Verhaltensregeln« entsteht.

Die Molekularbiologie eroberte auch Basel. In den sechziger Jahren entstand die Idee, ein spezielles Institut für Molekularbiologie und Genetik zu gründen, das spätere Biozentrum. Damit begann an der Universität ein Kulturkampf: Die Zukunft gehörte fortan der Molekularbiologie und der Genetik, also den exakten Wissenschaften, die das Leben von den Bausteinen her zu erklären versuchten. Dahin sollten die Finanzströme fliessen, nicht in die als altmodisch empfundene bisherige Vielfaltsforschung. Adolf Portmann wurde kaltgestellt und aus fachwissenschaftlichen Kreisen ausgegrenzt. Schon Ende der fünfziger Jahre hatten einige deutsche Zoologieprofessoren während eines seiner Vorträge den Saal demonstrativ verlassen; Adolf Portmanns Biologie sei mehr poetisch als wissenschaftlich, hatten sie ihren Protest begründet.

Zwei Biologen, die heute an der Universität tätig sind, glauben, dass Adolf Portmann das Aufkommen der Molekularbiologie verschlafen habe und dass er von Anfang an gegen die Gentechnik gewesen sei. Das stimmt nicht, oder wenigstens nicht ganz. In einem Gespräch mit dem Quantenphysiker Werner Heisenberg zum Beispiel betont Adolf Portmann die grosse Bedeutung des genetischen Codes und der »herrlichen Doppelhelix« für die Erforschung des Lebens. Er warnt aber, dass es zu grotesken Verzerrungen kommen könne, wenn man den Blick ganz einseitig nur auf die Gene richte und alles andere ausblende, wie das am

Ciba-Symposium passiert sei. Es brauche eine umfassende und integrierte Erforschung des Lebens, auf allen Stufen, von der Genetik bis zur Morphologie und Verhaltensforschung. Und dies erfordere, so betont Adolf Portmann immer wieder, ein gerüttelt Mass an Behutsamkeit und Bescheidenheit.

Nach seinem Rückzug aus der Universität, nach 1970 also, wurde Adolf Portmanns Arbeitszimmer ausgeräumt und alle seine Spuren aus der Bibliothek getilgt. Markus Ritter erzählt: »Es war da eine Wut von seiten der Professoren, die wir Studierenden nicht verstanden. Zu uns, die wir damals an der Universität Zoologievorlesungen besuchen wollten, bemerkte einer von Adolf Portmanns Nachfolgern ziemlich verächtlich: ›Das mit den Diversity-Freaks, das ist nun vorbei.‹ Das schockierte uns.«

Adolf Portmann ist es nie gelungen, innerhalb der Biologie eine eigene Schule zu gründen, die seine Vorstellungen einer integrierten Gestaltforschung hätte vertreten und weiterentwickeln können. Er blieb eine Einzelperson. Seine Gestaltlehre bleibt das, was als »verlorene Wissenschaft« bezeichnet wird: Wissensgebiete, die irgendwann einmal nicht mehr erforscht werden. »Nicht etwa, weil sie widerlegt worden sind – das ist nicht der Punkt. Es gibt sie einfach gar nicht mehr«, sagt Markus Ritter.

Zoologisches Institut der Universität Basel. An der Eingangstüre steht in abgeblätterter Schrift: ZOOLOGISCHES INSTITUT BASEL. Darüber klebt ein Zettel: Zentrum für Afrikastudien Basel. In der Eingangshalle fühlen wir uns verloren. Wo, um Himmels willen, ist es geblieben, das Zoologische Institut, an dem ich vier Jahre lang studiert habe? Wir fragen einen älteren Herrn. Er selbst sei die Zoologie, sagt er lächelnd, einer der letzten Mohikaner. Ein Teil der Zoologie ist vor einem Jahr ins Biozentrum ausquartiert worden. Professor Louis du Pasquier arbeitet in Adolf Portmanns ehemaligem Büro, einem geräumigen Raum mit prächtiger Aussicht auf den Rhein. Er besitzt sogar zwei alte Werke seines Vorgängers, den er sehr bewundert. Louis du Pasquier führt uns zum grossen Hörsaal, in dem Adolf Portmann seine Vorlesungen hielt. Der Hörsaal: genau der gleiche Geruch, vermutlich nach Schmierseife, dieselben Stühle, alles gleich wie vor dreissig Jahren, als ich hier selbst so manche Vorlesung hörte.

Der Professor verabschiedet sich, und wir stehen wieder in der Eingangshalle. Wir entdecken am Anschlagbrett eine kleine Notiz: »Banyuls 2004. Meeresbiologischer Kurs, mit Prof. David Senn«. In Banyuls begann Adolf Portmann seine über alles geliebten Meeresstudien, dorthin ging er regelmässig mit Studierenden, um zu forschen. David Senn übernahm diese Tradition. Der Kurs 2004 ist – wie die Kurse in den Jahren zuvor – restlos ausgebucht.

Das ist vielleicht typisch. Nachdem Adolf Portmann von der Molekularbiologie entthront worden war, folgte eine Zeit der absoluten Vorherrschaft dieser Wissenschaftsdisziplin. Doch inzwischen ist das Bild dessen, was ein Lebewesen ausmacht, wieder offener und umfassender geworden. Adolf Portmann ist heute moderner denn je.

Martin Ott, Biobauer in der Rheinau

Die Seele der Kuh

Martin Ott ist jemand, dem der Begriff »Innerlichkeit« nicht fremd ist, obwohl er lieber von »Seele« spricht. Der Seele einer Kuh zum Beispiel. Ich besuche ihn auf seinem Biobauernhof Fintan in der Rheinau im Nordosten der Schweiz.

Es ist ein kalter und sonniger Januartag, überall liegt noch etwas Schnee. Martin Ott und ich haben uns aufgemacht, die Kühe draussen auf der Weide zu besuchen. Die Tiere stehen ruhig da und sind mit Wiederkäuen beschäftigt. Ich frage ihn, weshalb er glaube, dass Kühe eine Seele hätten.

Martin Ott beantwortet meine Frage nicht direkt, er zeigt auf die Kuh, die auf der anderen Seite des Zauns vor uns steht, und sagt: »Schau, wie diese Kuh das Wiederkäuen geniesst!« Tatsächlich, die Kuh hat ihre Augen geschlossen, den Kopf hält sie leicht vorgereckt. Sie scheint ganz in sich gekehrt zu sein. Ihre Kiefer mahlen langsam und rhythmisch, von links nach rechts, sie verschluckt den Brei und lässt einen neuen Bissen hochkommen. Auf ihren Nüstern glitzern kleine Tröpfchen, Kondenswasser des Atems.

»Bei einer Kuh ist das Zentrale der Magen«, sagt der Biobauer. »Eine gute Kuh frisst täglich einen Viertel ihres Eigengewichts. Beim Menschen entspräche dies 15 bis 20 Kilo Nahrung, bei einer Kuh, die rund 600 Kilo wiegt, heisst das 150 Kilo Gras pro Tag. So viel Gras verursacht eine gewaltige Gärung, und wenn du dein Ohr an eine Kuh legst, dann hörst du alle zwanzig Sekunden so etwas wie ein Gewitter mit lautem Donner, der ganze Magen wird komplett umgewälzt. Bleibt es ruhig, ist die Kuh krank und hat einen sogenannten Magenstillstand, der tödlich für sie ist. Etwa eineinhalb Stunden nach dem Tod platzt die Kuh, weil die Gärung im Magen sie wie einen Ballon aufbläst. Wenn sie in einem solchen Fall nicht sofort notgeschlachtet werden kann, muss man ihr den Magen aufschneiden, ihn ausräumen und mit Klammern wieder verschliessen, sonst wird das Fleisch gänzlich ungeniessbar. Zur Verdauung im Magen kommt das Wiederkäuen hinzu. Eine Kuh hält die Gärung des Futters dadurch im Gleichgewicht, dass sie es ins Maul zurückholt und ununterbrochen darauf herumkaut, täglich acht Stunden lang. Die Kuh hat eine unglaubliche Ausdauer und Beharrlichkeit bei der Aufrechterhaltung dieses Gleichgewichts. Und es ist diese Kraft, die die Kuh auszeichnet; die Lebenskraft, die es braucht, um dem riesengrossen Druck der Gärung entgegenzuwirken.«

Der Basler Biologieprofessor Adolf Portmann würde dieses Phänomen wohl »Innerlichkeit« nennen, sage ich, das artspezifische »Welterleben« der Kuh, das wissenschaftlich nicht messbar ist und uns letztlich verborgen bleibt. Ob Martin Ott mit dem Wort »Seele« etwas Ähnliches meine?

Er nickt und sagt: »Ein weiteres Merkmal der Kuh ist, dass sie sich beim Fressen den ›Ranzen‹ vollschlägt und dabei auch mal Nägel und Drähte frisst. Probleme entstehen dann, wenn sich ein Nagel in die Magenwand bohrt. Beim Pferd ist es ganz anders, es würde Nägel, Drähte und andere Fremdkörper, die dem Hafer beigemischt sind, sorgfältig aussortieren. Ein Feinschmecker ist die Kuh nicht beim Fressen, sondern erst beim Verdauen. Da bringt sie alles wieder in einen Rhythmus. Das macht das Wesen der Kuh aus, ihre Seele.«

Wir spazieren weiter, den Zaun entlang, der uns von den Kühen trennt. Ob Hochleistungskühe nicht ebendiese Gleichgewichtskraft verloren hätten, möchte ich wissen. Eine Tierärztin habe mir erzählt, dass eine Hochleistungskuh auch dann noch vierzig Liter Milch gebe, wenn sie krank sei und Fieber habe. Eine solche Kuh könne gar nicht anders, ihre Selbstregulierungskräfte seien gestört zugunsten einer Maximierung der Milchmenge.

Das sei die andere Seite der Medaille, sagt Martin Ott, eine Kuh habe so viel Lebenskraft, dass man mit ihr fast alles machen könne. Der Stiersamen werde hundertfach verdünnt und reiche immer noch aus für eine erfolgreiche Befruchtung. Auch der Embryotransfer stelle bei der Kuh kaum mehr ein Problem dar. »Man kann inzwischen für 1200 Franken einen Embryotransfer im Stall durchführen, und die Chance, dass es klappt, ist ziemlich gross. Die Bauern tauschen heute an ihren Versammlungen tiefgefrorene Embryos untereinander aus, die sie in kleinen Stickstoffkühltanks mitbringen. Das Verrückte ist, dass sich die Kuh alles gefallen lässt. Beim Pferd und beim Schwein funktioniert bereits die künstliche Besamung nicht so richtig. Die Kuh gleicht aus und kompensiert, aber natürlich immer zu Lasten von etwas anderem. Irgendwann bricht das System zusammen, und man braucht Spitzenmedizin, damit die Kuh überlebt.«

Mitten in der Herde steht – ich entdecke ihn erst jetzt – ein mächtiger Stier. Er beschäftigt sich gerade mit einer viel kleineren Kuh. Sie stehen Kopf an Kopf, er stösst sie sachte an, schubst sie in die Schulter, folgt ihr, immer wieder. Sie hat das gern, ganz offensichtlich, weicht etwas zurück, bietet ihm wieder die Stirn. »Diese Kuh – es ist Zypresse – wird morgen oder übermorgen stierig sein. Den Schwanz hält sie schon ein bisschen zur Seite, siehst du? Psalm, so heisst der Stier, wird jetzt immer ihre Nähe suchen, bis er sie dann decken kann.«

Das Paarungsspiel zwischen Psalm und Zypresse hält uns eine Weile gefangen. Bei den meisten Schweizer Kühen kommt heute der »Köfferlimuni« vorbei – der Besamungstechniker mit dem tiefgefrorenen Sperma.

»Gibt es ausser Nostalgie noch andere Gründe, um einen Stier zu halten?«

Der Biobauer reagiert heftig: »Eine Herde ohne Stier – das ist für mich undenkbar. Die Aufgaben eines Stieres gehen ja weit über das Decken hinaus. Ich habe einmal beobachtet, wie der Stier mit einer Kuh Rückbildungsturnen machte. Eine Kuh, deren Nachgeburt nach dem Werfen nicht richtig abging, schubste er an, ging ihr nach und sorgte dafür, dass sie in Bewegung blieb. Das war genau das, was sie in dieser Situation brauchte. Ein Stier ist immerzu mit den Fruchtbarkeitszyklen seiner Kühe beschäftigt, mit den Gerüchen jeder einzelnen Kuh zum Beispiel. Mit dem Stier ist die Herde auch viel ruhiger; ein Stier duldet nicht, dass die Kühe raufen und Streit haben, er stellt sich dazwischen. Als Boss der Herde gerät er jedoch in Konkurrenz zu den Menschen, und das kann gefährlich werden. Man muss sich mit dem Stier arrangieren, und bei mir auf dem Hof gilt eine klare Gewaltentrennung: Im Stall bin ich der Chef, auf der Weide ist der Stier der Chef, da rede ich ihm nicht rein.«

»Wie bewerkstelligst du das?«

»Wenn ich das Tor zum Hof aufmache, stelle ich mich daneben wie ein Torpfosten; ich stehe auf einem Bein, halte den Kopf gesenkt und schaue dem Stier nicht in die Augen. Durch diese ›Demutshaltung‹ signalisiere ich, dass ich ihm seine Kühe nicht wegnehmen will. Im Stall hingegen trete ich von hinten an ihn heran und spreche laut und im Befehlston – und er lässt sich brav anbinden.«

Wir schauen wieder den Kühen zu. Mich interessiere, sage ich, ob und wie sich die Rangunterschiede zwischen den Tieren manifestierten. Martin Ott zeigt mit ausgestrecktem Arm zum rechten Rand der Weide und sagt: »Dort hinten siehst du Ingwer. Sie steht ganz allein und schaut in die andere Richtung, von der Herde weg. Ingwer ist eine rangniedrige Kuh. Sie ist etwas nervös und konnte sich nie richtig in die Herde integrieren. Ich glaube, sie hat sich damit abgefunden und leidet nicht stark darunter.«

Bei seiner Herde beobachte er drei ausgeprägte Rangstufen. Sehr deutlich zeige sich dies, wenn er abends die Herde von der Weide in den Stall hole. »Die ranghöchsten Kühe stehen nebeneinander vor dem Weidentor, sie wollen nach Hause, blicken mir entgegen und empfangen mich. Um den Rest der Herde kümmern sie sich nicht. Hinter den ranghöchsten bilden die zweitklassierten einen grossen Ring; diese Kühe passen ständig auf und schauen umher. Da hat jede Kuh Angst, eine andere komme ihr zu nahe, remple sie an, schneide ihr den Weg ab und sei vor ihr am Tor. Unter den zweitklassierten gibt es manchmal Raufereien, sie sind immer der schwierigste Teil der Herde. Die drittklassierten erkennst du daran, dass sie nicht zum Tor blicken, sondern wie Ingwer in eine andere Richtung. Sie tun so, als merkten sie nicht, dass es bald nach Hause geht. Sie beteiligen sich nicht am Hierarchiegerangel, sie haben sich arrangiert und warten einfach.«

Martin Ott zeigt auf zwei Kühe in unserer Nähe: »Hier vorne siehst du zwei Freundinnen, Lambada und Beresina. Sie sind immer zusammen. Wenn die eine sich in Bewegung setzt, folgt ihr die andere auf den Fersen. Dass sie Freundinnen sind, erkennst du auch daran, dass sie manchmal ruhig Kopf an Kopf stehen. Ein Beispiel für das Gegenteil kannst du jetzt gerade dort am rechten Rand beobachten: Jukona, eine ganz starke Kuh, hat den Kopf gesenkt und verscheucht mit dieser typischen Drohhaltung eine Kuh, die ihr zu nahe gekommen ist.«

Bald darauf beobachten wir, wie Jukona die freundliche Annäherung der anderen Kuh schliesslich doch akzeptiert und sich von ihr das »Gesicht« abschlecken lässt. Martin Ott zeigt mir einige weitere Kühe und erklärt mir ihre Stellung in der Herdenhierarchie. Er sagt, die Rangordnung dürfe man sich nicht starr vorstellen, es sei eher ein soziales Netz, das sich immer wieder verändere. Zum Beispiel werde eine Kuh, die frisch gekalbt habe, selten angegriffen. Diesen Umstand nütze er aus, wenn er eine Kuh neu in eine Herde eingliedern wolle. Er tue es sofort nach dem Kalben, weil sie dann in Ruhe gelassen werde und sich ihren Platz in der Herde suchen könne. Wenn sie zu irgendeinem Zeitpunkt zur Herde stosse, bestehe das Risiko, dass sie abgelehnt und tagelang verfolgt werde.

Wir schlendern weiter, eine andere Herde kommt in Sicht. Sie besteht aus Kühen, die bereits vier Monate lang trächtig sind. Auf meine Frage, ob Freundschaften zwischen den Kühen lange hielten, sagte er: »In einer Mutterkuhherde bleiben die Kälber bei ihren Müttern. Da behandelt jede Kuh ihre Kälber das ganze Leben hindurch wie ihre ›Kinder‹. Eine zehnjährige Kuh und ihre siebenjährige Tochter sind immer noch so ›verschätzelt‹ wie am Anfang, auch wenn beide inzwischen alte und erfahrene Kühe sind und beide viele Nachkommen haben. Diese Anhänglichkeit ist wichtig für den Zusammenhalt in der Herde. Der Mensch, der die Milch wegnimmt, nimmt jedoch diesen integrativen Teil weg. Spätestens nach vier bis fünf Tagen muss das Kalb von der Kuh getrennt werden, sonst entsteht eine so starke Bindung, dass die Kuh über jeden Zaun springt und man nur noch Kühen nachrennt, die zu ihren Kälbern wollen. Auch da braucht es ein Abkommen. Ich mache es so, dass ich den Kühen nur an ihrem eigenen Platz zu fressen gebe; wenn sie beim Kälbchen sind, bekommen sie nichts. Von mir erhalten sie Futter, vom Kalb die ›Kindesliebe‹, beides strikt voneinander getrennt. Aber das Kalb befindet sich in Hördistanz, und die Kuh kann beim Fressen immer mit dem Kalb kommunizieren. Später geht sie wieder auf die Weide; sie weiss genau, wo das Kalb ist, und das beruhigt sie. Mutterbindungen sind bei Kühen unheimlich stark.«

Inzwischen sind wir wieder zum Hof zurückgekehrt. Martin Ott schlägt eine Rundfahrt auf dem ganzen Gut vor, und wir klettern in seinen alten Toyota. Auf holprigen Wegen geht es erst über weite Felder und vorbei an Schweine- und Hühnerställen. Wir besichtigen kurz eine moderne Anlage, in der das hier produzierte Saatgut gereinigt wird. Zum Gut gehört auch ein prachtvoller historischer Klosterbau, und von diesem aus geht der Blick hinunter zum Rhein, der im flachen Talstück mäandrierend daherfliesst.

Der Hof Fintan, ein Pachthof im Besitz des Kantons Zürich, ist der grösste Biobetrieb der Schweiz. Er wird biologisch-dynamisch bewirtschaftet und schreibt schwarze Zahlen. Auf dem Gut arbeiten rund 60 Leute in verschiedenen Betrieben, unter ihnen sind 16 Menschen mit einer psychischen oder geistigen Behinderung. Martin Ott, der mich in seiner direkten und spontanen Art ein wenig an einen Muni erinnert, ist einer der Hauptverantwortlichen des Betriebs. In seine Zuständigkeit fallen – unter anderem – die 65 Milchkühe und 30 Rinder. Auch Schweine, Schafe, Pferde, Gänse, Hühner und Bienen werden auf dem Hof gehalten. Martin Ott ist diplomierter Meisterlandwirt, biodynamischer Bauer, aber auch Sozialtherapeut. Er hat sich zudem als Kantonsrat der Grünen und als Liedermacher einen Namen gemacht.

Er erzählt mir, dass der Hof oft mit dem Forschungsinstitut für Biologischen Landbau FiBL in Frick zusammenarbeite. So haben Forscherinnen und Wissenschaftler des FiBL seine Kühe drei Jahre lang intensiv beobachtet und untersucht. Sie wollten herausfinden, ob das Verhältnis zwischen Mensch und Tier einen Einfluss auf die Gesundheit und die

Milchleistung der Kühe habe. »Das Verhältnis zwischen Mensch und Kuh«, erklärt er, »und die unterschiedlichen Temperamente von Kühen kann man bewerten, wenn die Tiere gereinigt und gestriegelt werden. Dies geschieht nach einem ›wissenschaftlich‹ festgelegten Schema und durch Personen, die den Kühen nicht bekannt sind. Ihr Verhalten während der Reinigung wird nach einer einfachen Skala bewertet: ruhig, ziemlich ruhig und so weiter bis sehr nervös. Es stellte sich heraus, dass Kühe, die sich von unbekannten Personen nicht aus der Ruhe bringen lassen, deutlich seltener an Euterentzündungen erkrankten. Es lag eine eindeutige Korrelation vor, und die Schlussfolgerung daraus war, vereinfacht gesagt: Ein ungestörtes Verhältnis zwischen Mensch und Tier bewirkt, dass eine Kuh ihre Milch gerne hergibt und deshalb weniger oft an Euterentzündung leidet. Untersuchungen von anderen Forschungsgruppen zeigen, dass ein gutes Verhältnis zum Bauern sogar wichtiger ist als das Platzangebot. Der Mensch übernimmt bei der Kuh die soziale Rolle des Kalbes. Deshalb ist die Mensch-Tier-Beziehung ein zentraler Faktor.«

Wir sind mit dem Toyota wieder am Ausgangsort angelangt. Ich beschliesse, noch einige Fotos von den Kühen zu machen, und Martin Ott begleitet mich. Auf dem Weg zur Weide nimmt er das Thema Mensch-Tier-Beziehung noch einmal auf und sagt: »Die Kuhherde ist auch für das Zusammenleben auf dem Hof und für die therapeutische Arbeit wichtig. Füttern, melken, auf die Weide lassen, heimholen, füttern, melken – diese Abläufe finden jeden Tag zur gleichen Zeit statt und geben unserer Gemeinschaft einen harmonisierenden Rhythmus, wie eine Art

Metronom. Wenn man immer weiss, was als nächstes kommt, ist man offener für Neues. Es bildet sich so etwas wie Heimat, ein Tagesablauf, ein Jahresablauf. Wir hatten einmal einen Sommer lang keine Kühe, und die Folge war, dass die Essenszeiten nicht mehr eingehalten wurden. Wir mussten quasi eine militärische Ordnung aufstellen, um den Tagesrhythmus irgendwie künstlich aufrechtzuerhalten. Für mich ist klar, dass in fünfzig Jahren jedes Schulhaus eine Kuh hat, weil man auf dieses Harmonisierende und Rhythmische nicht mehr verzichten kann. Je mehr es in der Schule darum geht, nicht nur Wissen zu vermitteln, sondern Fähigkeiten zu entwickeln, desto weniger wird man auf Haustiere verzichten können, die diese Fähigkeiten vom Menschen einfordern, der sich auf sie einlässt. Eine Katze entwickelt ganz andere Fähigkeiten als ein Hund oder ein Ross – oder eben eine Kuh.«

Während ich fotografiere, geht Martin Ott langsam den Zaun entlang und beobachtet die Kühe. Dann ruft er den Stier, und dieser schaut sofort zu uns herüber. Es ist klar, dass er ihn kennt. Der Biobauer hat seine Freude daran. Ich muss an Adolf Portmann denken, der nicht müde wurde, darauf hinzuweisen, dass naturwissenschaftliches Wissen mehr beinhalte als nur das exakt Messbare. Genauso wichtig sei das Spürbare und das Sinnliche, ja auch das anteilnehmende Erfahren. Er forderte ein »wahres *savoir par cœur,* ein Erkennen der Welt nicht allein mit den Mitteln des Verstands, sondern auch mit den Mitteln des Herzens«.

Die Würde des Eichenblatts

Tiere haben eine »Seele« oder eine »Innerlichkeit«. Und Pflanzen? Haben sie eine »Innerlichkeit«, eine »Würde«? Dieser Frage nachzugehen, bekam ich als Mitglied der Eidgenössischen Ethikkommission für Biotechnologie im Ausserhumanbereich unverhofft Gelegenheit. Im Frühjahr 2004 erteilte uns die Bundesverwaltung den Auftrag zu erkunden, was der Verfassungsartikel von 1992, die Würde der Kreatur sei zu achten, auf Pflanzen bezogen bedeuten könnte. Die Schweiz ist weltweit das einzige Land, das eine solche Verfassungsnorm kennt. Doch wie kann eine Pflanze Würde haben? Würde ist etwas, was dem Menschen zusteht. Das Wort Würde stammt vom althochdeutschen Ausdruck »Wirdekeit« ab, der auf »Wert«, »Wertigkeit« oder »Wertsein« verweist. Würdig war eine Person, die wegen ihrer grossen Tugendhaftigkeit oder ihres hohen Rangs besondere Wertschätzung genoss.

Nun soll also auch die Katze von nebenan und der Apfel, in den ich gerade beisse, eine Würde haben. Ist es nicht zuviel des Guten, Würde jetzt auch noch über alle Kreaturen dieser Welt zu stülpen und sie dadurch noch mehr zu vermenschlichen? Wir tendieren ohnehin schon dazu, ziemlich unbedarft menschliche Eigenschaften auf andere Lebewesen zu übertragen, und bezeichnen das Kamel als hochmütig und den Adler als stolz, nur weil uns ihr Aussehen und Ausdruck dies suggerieren.

Andererseits: Mit dem Wort Würde setzen wir ein Zeichen dafür, dass wir Tiere und Pflanzen anders ansehen als noch vor 50 Jahren. Es drückt aus, dass wir bereit sind, sie als Lebewesen zu schätzen, die einen Wert für sich selbst haben, unabhängig von unseren Interessen. Es gäbe auch andere Worte, die diesen Respekt zum Ausdruck bringen könnten.

Seit der Aufklärung haben Pflanzen und Tiere an »Wirdekeit« verloren, sie wurden immer mehr als lebende Maschinen betrachtet, die nach einem immer gleich ablaufenden Programm reagieren. Heute gestehen wir zumindest höheren Tieren zu, dass sie empfindsam sind und – wie Adolf Portmann gesagt hätte – eine »Innerlichkeit« haben. Doch Pflanzen? Besitzen auch sie eine »Innerlichkeit«?

Die Ethikkommission sollte also herausfinden, wie das Gebot, die Würde der Pflanze sei zu achten, konkret umgesetzt werden könnte. Wir beschlossen, zunächst herauszufinden, was die moderne Biologie heute über das Wesen der Pflanze weiss. Unsere Fragestellung war: Sind Pflanzen eher roboterhafte Wesen, oder sind sie empfindungsfähige Wesen mit einer eigenen »Innerlichkeit«? Was unterscheidet Pflanzen von Tieren? Die Antworten auf diese Fragen sollten uns helfen, ethische Begründungen zu erarbeiten.

Ein häufig gebrauchtes Kriterium, um Pflanzen von Tieren abzugrenzen, ist die Annahme, dass Tiere soziale Wesen sind und miteinander kommunizieren, Pflanzen hingegen nicht. Die Frage nach dem Wahrheitsgehalt dieser Aussage war der Ausgangspunkt für meine eigene Recherche. Auf der Suche nach Forschungsprojekten über Pflanzenkommunikation stiess ich auf Ted Turlings, der keine zwei Stunden von meinem Wohnort entfernt an der Universität Neuenburg arbeitet. Er untersucht beim Mais das dynamische Zusammenspiel zwischen der Pflanze und einer Fressraupe, die ihrerseits von einer kleinen Wespe parasitiert wird.

Bei meiner Ankunft in Neuenburg regnet es in Strömen. Die Universität liegt ausserhalb des Zentrums; im Regen wirkt der graue Gebäudekomplex trostlos. Ich habe Mühe, den Eingang für das Büro D 116 zu finden; niemand ist da, den ich fragen könnte. Der Raum liegt am Ende eines langen, schlauchartigen Ganges. Ted Turlings ist gebürtiger Holländer; er trägt ein dunkelblaues Baumwollhemd und Jeans. Auf dem Boden und auf dem Schreibtisch türmen sich hohe Papierberge; wäre ich in Begleitung gekommen, wir hätten in diesem kleinen Raum kaum Platz gefunden.

Ted Turlings erzählt: »Wenn Raupen der Gattung *Spodoptera exigua Hübner* Maispflanzen befallen und an den Blättern zu fressen beginnen, kommen bald auch die natürlichen Feinde dieser Raupen angeflogen, kleine Wespen der Gattung *Cotesia marginiventris.* Diese Wespen parasitieren die Raupen. Sie stechen die Raupen an und legen ihre Eier in sie hinein. Die Wespeneier ernähren sich vom Wirt und wachsen heran, was früher oder später zum Tod der Raupen führt.«

Warum aber finden die Wespen ihre Opfer so schnell und zuverlässig? Die Raupen sind recht unscheinbar und auch geruchlos – sie selbst ziehen die Wespen kaum an, dies stünde auch im Widerspruch zu ihrem »evolutionären Interesse«. Doch wenn es nicht die Raupen sind, dann müssen es die Pflanzen selbst sein, die die Wespen anziehen.

Wie aber geschieht das? Um es herauszufinden, erklärt Ted Turlings, hätten er und sein Team Maisblätter mit dem Messer angeritzt, um zu sehen, ob eine Reaktion an der Schnittstelle des Blattes die Wespen anzieht. Das Resultat war negativ. Nur von Raupen angefressene Blätter zogen die Wespen an, insbesondere die Weibchen. Es stellte sich heraus, dass die von Raupen beschädigten Blätter ein Gemisch von Geruchsstoffen aussenden.

»Sie können es selbst riechen. Anfangs nehmen Sie den Duft von geschnittenem Gras wahr – den Geruch von verletzten Pflanzen also, einen Duftstoff, den wir seit langem kennen. Nachher aber kommt ein anderer, starker Duft hinzu, und dieser Geruch zieht die Wespenweibchen an, und zwar unabhängig davon, ob die Raupen noch am Blatt sind oder nicht. Die chemische Analyse ergab, dass die Duftsignale der Maisblätter aus einem Gemisch von Indol und Terpenoiden bestehen.«

Ted Turlings redet mit leiser Stimme, zurückhaltend und präzise; grosse Begeisterungsausbrüche sind seine Sache nicht. »Ein Problem aber ist geblieben«, nimmt er den Faden wieder auf, »die Frage nämlich, wie die Maispflanze merkt, dass sie von Raupen befallen ist und die kleinen Wespen zu Hilfe holen muss. Die Verletzung allein, das hatten wir beim Versuch mit dem Messer festgestellt, ruft keine Reaktion hervor; etwas musste hinzukommen. Wir schmierten den Kot von Raupen auf ein verletztes Maisblatt. Das Resultat war negativ. Wir träufelten den Speichel von Raupen auf das verletzte Maisblatt – die Pflanze nahm sofort die Produktion der Duftstoffe auf. Was danach begann, war eine vier Jahre dauernde, sehr aufwendige Suche nach dem Signalstoff im Raupenspeichel. Wir haben Raupen aufgezogen, gefüttert, sie zum Erbrechen gebracht und ihren Speichel mit moderner Analysemethodik untersucht. So fanden wir den chemischen Stoff, an dem die Maispflanze die Raupe erkennt, und nannten ihn Volicitin.«

Ein faszinierendes Zusammenspiel, das sich wie ein Puzzle zu einem Ganzen fügt: Die Pflanze »schmeckt« im Raupenspeichel das Volicitin und beginnt sofort mit der Herstellung bestimmter Duftstoffe. Diese ziehen die Wespenweibchen an, die ihrerseits die Fressraupen langsam abtöten.

»Könnte man sagen, dass die Maispflanze die Wespen zu Hilfe ruft?« frage ich.

»Nein, das sehe ich nicht so. Die Pflanze schreit nicht um Hilfe, und die Wespe kommt nicht, um der Pflanze zu helfen, sondern um die Raupe zu parasitieren. Da bin ich vorsichtig mit so grossen, unpräzisen Worten.«

»Aber eine Kommunikation – ein Austausch von Informationen also – findet statt.«

»Einverstanden, Pflanzen kommunizieren mit Duftstoffen.«

»Lernt eine Maispflanze im Laufe ihres Lebens, diese Duftstoffe zu produzieren?«

»Ich würde das nicht lernen nennen, was Pflanzen tun. Aber sie sind flexibel, sie können ihre Verteidigungsstrategien anpassen.«

»Und die Wespe? Ist sie vorprogrammiert, kennt sie den Duftstoff, der sie zu Raupen führt, von Anfang an?«

»Bei den Wespen ist es anders. Sie lernen assoziativ, welche Duftstoffe sie zu der von ihnen bevorzugten Raupenart führen. Sie sind sehr gute Lerner. Im Labor konnten sie auch auf Schokoladenduft trainiert werden.«

Bei der Vorbereitung meines Besuchs in Neuenburg hatte ich in der wissenschaftlichen Literatur etliche Belege für Pflanzenkommunikation gefunden. Tomaten zum Beispiel: Werden sie von Raupen angegriffen, beginnen sie sofort mit der Produktion von Abwehrstoffen gegen diese Schädlinge. Darüber hinaus senden sie den Duftstoff Methyljasmonat aus. Dadurch werden benachbarte Tomatenpflanzen gewarnt, dass Gefahr im Anzug ist, und auch sie können mit der Schädlingsabwehr beginnen. Methyljasmonat ist ein in Parfums häufig verwendeter Stoff, und die an der Forschung beteiligten Frauen mussten im Gewächshaus auf Parfum verzichten.

Weitere Studien zeigen, dass auch Bäume mit Bäumen kommunizieren. Ahorn »schwatzt« mit Ahorn, und auch Weiden, Pappeln und Birken wurden bei der Kommunikation erwischt. Ein Forscher drückt es so aus: Da ist ein ununterbrochenes Gemurmel in der Luft. Immer, überall. Ein Gemurmel via Duftstoffe.

Viele Pflanzen warnen sich also vor Feinden, oder sie locken Nützlinge an. Ich frage Ted Turlings, ob Pflanzen noch andere Botschaften austauschen können. »Das glaube ich nicht – ihre Kommunikation scheint eher diffus zu sein. Vieles liegt noch im dunkeln.«

Erneut habe ich das Gefühl, dass es ihm sichtlich unangenehm ist, auf irgendwelche Spekulationen einzugehen. Diese Bescheidenheit macht ihn sympathisch.

Das bisherige Wissen über Pflanzenkommunikation gibt uns noch keine Auskunft, ob Pflanzen wie Roboter funktionieren oder ob mehr dahintersteckt. Es gibt jedoch Hinweise, dass sie eine rege Konversation betreiben und flexibel, absichtsvoll und zielstrebig handeln. Ich suche nach weiteren wissenschaftlichen Untersuchungen und rede mit einigen Pflanzenforschern in der Schweiz.

Pflanzen, so erfahre ich nach und nach, können mindestens siebzehn verschiedene Umweltvariablen wahrnehmen. Chemische Duftstoffe können sie »riechen«. Licht nehmen sie differenziert wahr. Sie messen die Stärke und die Qualität des Lichts und regulieren damit viele der wichtigsten Stoffwechselvorgänge wie Keimung, Sprossentwicklung oder die Entfaltung der Blätter. Sie reagieren, wenn zu viele schädliche UV-Strahlen eintreffen, indem sie Pigmente herstellen, die sie vor den UV-Strahlen schützen – wie eine Art Sonnenschutzcreme.

Pflanzen nehmen Vibrationen und Berührungen wahr. Wir kennen alle die Mimose, deren Blätter sich bei der geringsten Berührung nach unten biegen. Weltweit gibt es Tausende von Ranken- und Kletterpflanzen, die auf Kontaktreize reagieren. Die Ranken solcher Kletterspezialisten sind manchmal weit berührungsempfindlicher als die menschliche Haut. So reagiert die Ranke von *Bryonia dioica* noch auf ein Streicheln mit einem Faden, der 0,00025 Milligramm wiegt. Auf der menschlichen Haut löst dies längst keine Reaktionen mehr aus.

Pflanzen sprechen auf Töne an, sie registrieren Schwerkraft, Temperatur oder Wassergehalt. Sie ziehen Konsequenzen aus solchen Informationen, indem sie zum Beispiel das Wachstum ändern oder die Anzahl Blätter oder die Dicke des Stengels. Das heisst, dass Pflanzen Umweltsignale erfassen, intern weiterleiten und verrechnen. Sie sind fähig, als Antwort darauf ihr Verhalten zu verändern.

Pflanzen reagieren also tatsächlich flexibel und vielleicht sogar absichtsvoll – und sie haben möglicherweise sogar eine eigene »Innerlichkeit«.

Anthony Trewavas von der Universität Edinburgh, der seit dreissig Jahren flexibles Verhalten von Pflanzen untersucht, schreibt, dass Pflanzen auch lernen und sich erinnern können. Werden zum Beispiel die Wurzeln einer jungen Pflanze einer niedrigen Salzkonzentration ausgesetzt, dann überlebt die Pflanze später in Salzkonzentrationen, die normalerweise tödlich für sie wären. Die Erfahrung der Wurzel wird auf die ganze Pflanze übertragen, und diese erinnert sich Jahre danach noch daran.

Damit nicht genug, Pflanzen können auch vorausplanen. Als Beispiel beschreibt Anthony Trewavas die Quendelseide *Cuscuta.* Diese auch in Europa wachsende Schlingpflanze schmarotzt von anderen Pflanzen und geht dabei sehr wählerisch und berechnend vor. Wenn sie eine potentielle Wirtspflanze mit ihren Saugnäpfchen das erste Mal berührt, dann nur, um zu erkunden, ob und wie ergiebig diese ist. Verläuft die Erkundung negativ, sucht die Quendelseide weiter, ist das Resultat positiv, windet sie sich um den Wirt, bildet Sprosse, dringt mit diesen in die Pflanze ein und schmarotzt von ihren Nährstoffen und vom Wasser.

Dabei kann die Quendelseide die zu erwartende Ausbeute offensichtlich genau abschätzen. Von der Prognose hängt ab, wie viele Windungen sie um den Wirt legt. Ist die Wirtspflanze gut, bildet sie viele Windungen und Sprosse, um zu den Nährstoffen zu gelangen. Bei einem schlechten Wirt hingegen produziert sie nur einige wenige Windungen, alles andere würde nur eine Energieverschwendung bedeuten. Die Anzahl Windungen, die sie um ihre Wirtspflanze schlingt, reflektiert also den Nährstoffgehalt des Wirtes. Die Quendelseide wägt Aufwand und Ausbeute – und dies ist das erstaunlichste – etwa vier Tage im voraus ab, denn so lange braucht sie, um nach dem ersten Kontakt die Nährstoffquelle zu erreichen.

Anthony Trewavas ist überzeugt, dass eine solche vorausschauende Planung ein flexibles Verhalten verlangt. Das setzt Lernfähigkeit und Erinnerungsvermögen voraus. Und, so fügt er an, es erfordere Intelligenz.

Intelligenz? Eine gewagte Hypothese. Sowohl Ted Turlings als auch alle anderen von mir befragten Experten lehnen sie eher ab. Intelligenz sei etwas für Menschen, nicht für Pflanzen. Man solle den Pflanzen keine menschlichen Eigenschaften überstülpen.

Was heisst überhaupt Intelligenz? Der Begriff ist schwer fassbar, und ich stosse auf verschiedene Definitionen, von denen aber keine allgemeingültig ist. Ein Rückgriff auf die Etymologie zeigt, dass das Wort aus dem lateinischen »inter-legere« abgeleitet ist, was »wählen zwischen« bedeutet. Es bezeichnet also die Fähigkeit, zwischen verschiedenen Optionen wählen zu können.

Anthony Trewavas bezieht sich bei seinen Ausführungen ausdrücklich auf den Intelligenzbegriff des neuseeländischen Psychologen und Philosophen David Stenhouse. Dieser definiert intelligentes Verhalten bei Tieren als »adaptives und variables Verhalten während der Lebenszeit eines Individuums«. Genau dies wiederum lässt sich nach

Anthony Trewavas bei Pflanzen beobachten: Pflanzen sind adaptiv, sie können ihr Verhalten ändern. Sie versuchen ihre Fitness zu maximieren – in einer Umwelt, die sich in stetem Wandel befindet.

Ob die Tomatenpflanze nun wirklich »kommuniziert« oder die Quendelseide »intelligent« ist, darüber sind die Experten verschiedener Meinung. Alle sind sich aber einig, dass es auf der Ebene der Zelle verblüffende Übereinstimmungen zwischen Tieren und Pflanzen gibt. So stehen alle Zellen – tierische und pflanzliche – ständig miteinander in Verbindung. Sie »flüstern« mit Nachbarzellen und »unterhalten sich« auch über weite Distanzen mit anderen Zellen. Blattzellen zum Beispiel, die von Raupenfrass geschädigt werden, »benachrichtigen« die ganze Pflanze – alle Blätter, von zuunterst bis zuoberst – über den Angriff, so dass alle Zellen mit der Abwehr beginnen können. Auch Botschaften wie »Wassermangel« oder »zuviel Schatten« zirkulieren innerhalb der Pflanze, von Zelle zu Zelle.

In den letzten 20 Jahren wurde immer deutlicher, dass Pflanzenzellen mit den gleichen Botenstoffen und auf beinahe gleiche Weise miteinander kommunizieren wie Tierzellen. Die Zellen benutzen dazu eine Vielzahl von chemischen Botenstoffen. Sie verwenden auch elektrische Potentiale, um Signale von einem Ort zum anderen zu senden. Bei Tieren und Menschen sind dafür die Nervenzellen zuständig: Wenn ich mir den Finger verbrenne, dann wird die Botschaft »Schmerz« mit einem elektrischen Aktionspotential vom Finger ins Gehirn geleitet. Auch bei Pflanzen können Strompotentiale das Ereignis »Verletzung« signalisieren und Reaktionen in Gang setzen.

Sogar bei »Gedächtnisleistungen« sind die molekularen Grundlagen von Pflanzen und Tieren verblüffend ähnlich. Neuere Untersuchungen zeigen, dass auch das Lernen, wie wir es bei Tieren oder Menschen kennen, bei Pflanzen eine molekulare Entsprechung hat.

Eine mögliche Erklärung für die grosse Ähnlichkeit auf der zellulären Ebene könnte in der Evolution liegen: Tiere und Pflanzen sind aus erdgeschichtlicher Sicht sehr jung, sie entstanden erst vor rund 500 Millionen Jahren. In den drei Milliarden Jahren zuvor existierten nur einzellige Lebewesen, aber während dieser drei Milliarden Jahre bildeten sich alle elementaren Grundformen der späteren Ernährungs- und Stoffwechselvorgänge von Pflanzen und Tieren heraus. Darum ist es kaum verwunderlich, dass Tiere und Pflanzen auf der Ebene der Zelle eine hohe Übereinstimmung zeigen.

Vieles liegt noch im dunkeln, doch es ist diese grosse Ähnlichkeit auf der zellulären Ebene, die einige Wissenschaftler und Forscherinnen dazu veranlasst, auch Pflanzen »Intelligenz« oder »Lernfähigkeit« zuzuschreiben.

So weit zu gehen, sträuben sich die meisten der von mir befragten Experten. Sie sagen: Auf der Zellebene gibt es eine grosse Übereinstimmung, das ist unbestritten. Auf der nächsthöheren Ebene hingegen – bei einzelnen Organen und erst recht bei ganzen Lebewesen – trifft dies nicht zu. Auf diesem Niveau unterscheiden sich Pflanzen und Tiere grundsätzlich voneinander. Anthony Trewavas und mit ihm einige andere Forscher halten dem entgegen: Es gibt zwar grosse Unterschiede, doch diese sind nicht fundamental, sondern eher graduell.

Worin aber unterscheiden sich Pflanzen von Tieren tatsächlich? Zwei Aspekte stehen im Vordergrund. Der erste: Pflanzen haben kein Nervensystem und kein Gehirn. Das brauchen sie auch nicht, denn sie sind »modulär« aufgebaut. Ihr Wachstum ist gekennzeichnet durch die Wiederholung immer gleicher oder ähnlicher Teile, Blätter zum Beispiel oder Sprossen. Und jedes Blatt sucht individuell nach möglichst viel Licht in einer Umgebung, die in stetem Wandel ist. Pflanzen sind »demokratisch« organisiert; die ganze Pflanze wirkt weniger als Steuerungszentrale, es sind eher die Blätter oder Wurzeln, die Entscheidungen treffen.

Dem stimmt Anthony Trewavas zu. Er betont aber, auch Pflanzen hätten eine Gesamtkoordination. Sie verarbeiteten Signale und speicherten Erinnerungen. Wahrscheinlich spielten dabei die Zellmembranen – also die Hüllen um die Zellen – eine zentrale Rolle. Dort drängen sich Hunderte von Signalmolekülen dicht aneinander, dort werden Informationen weitergeleitet, verrechnet und koordiniert. Könnte es also sein, dass die Pflanze als Ganzes ein Gehirn ist?

Der zweite Aspekt: Tiere müssen fliehen, rennen, angreifen; sie sind auf schnelle Reaktionen angewiesen. Pflanzen hingegen sind sesshaft. Es kann Tage, auch Wochen dauern, bis sich bei ihnen flexibles Verhalten manifestiert. Diese Langsamkeit, schreibt Anthony Trewavas, erschwere es uns, bei Pflanzen von Intelligenz zu reden, da wir gewohnt seien, diese mit Schnelligkeit in Verbindung zu bringen. Dafür gebe es keinen Grund. Eine Quendelseide brauche zwar vier Tage vom ersten Kontakt mit der Wirtspflanze bis zur Ausbeute, deswegen fehle es ihr aber noch lange nicht an Intelligenz.

Kommunizierende, riechende und schmeckende Pflanzen; Pflanzen, die sich erinnern können und die vielleicht sogar intelligent sind – was bedeuten diese neuen wissenschaftlichen Erkenntnisse für unsere Diskussion um die Würde der Pflanze? Ich frage den Philosophen Klaus Peter Rippe; er ist Präsident unserer Ethikkommission und leitet in Zürich das private Institut »Ethik im Diskurs«. Wir haben beide einen anstrengenden Tag in der Ethikkommission hinter uns. Seine Krawatte ist etwas verrutscht, im Sitzungszimmer liegt ein leichter Mief in der Luft. Ich stelle das Tonbandgerät an.

Meine erste Frage lautet: »Was macht die Würde einer Pflanze aus?«

»Für mich ist die Empfindungsfähigkeit das entscheidende Kriterium. Wenn ich einer Katze auf den Schwanz trete, dann nimmt sie wahr, dass ihr etwas Schlechtes angetan wird. Sie empfindet den Schmerz. Sie ist empfindungsfähig. Deshalb können wir sagen: Wir verletzen die Würde dieser Katze, indem wir ihr etwas Schlechtes antun. Aber wie sieht es bei einer Pflanze aus? Kann ich ihre Würde verletzen, wenn sie nicht einmal empfindungsfähig ist?«

Ich werfe ein: »Pflanzen nehmen mindestens 17 Umweltvariablen wahr; sie reagieren flexibel darauf und ändern zum Beispiel ihr Wachstum.«

»Das Problem ist nur: Reagiert die Pflanze auf einen Reiz, so wie dies ein Roboter tut, oder reagiert sie aufgrund einer subjektiven Vorstellung? Sind Pflanzen also einfach lebende Maschinen, oder sind sie mehr als das? Bei Tieren würden wir heute nicht mehr sagen, dass sie wie Roboter handeln. Tiere verfügen über eine subjektive Wahrnehmung der Welt, sie haben individuelle Vorlieben, sie können Sinneseindrücke verarbeiten – das alles legen wir in den Begriff der Empfindungsfähigkeit. Und wenn wir empfindungsfähig sagen, dann gehört im Regelfall ein zentrales Nervensystem dazu, das die Empfindungen letztlich …«

»Weshalb?«

»Gute Frage.«

»Weshalb ist ein Gehirn Voraussetzung für Empfindungsfähigkeit und Wahrnehmung? Wenn Mais von einer Raupe angegriffen wird, produziert er Duftstoffe und lockt damit Nützlinge an, die die Raupen parasitieren. Die Pflanze nimmt also wahr, dass die Raupe ihr Schaden zufügen wird. Warum braucht es dazu ein zentral gesteuertes Bewusstsein?«

»Das wissen wir auch nicht.«

»Aha, das wollte ich einmal hören.«

»Nein, nein, man kann nicht ernsthaft sagen, Pflanzen hätten *kein* Bewusstsein. Wir können nur sagen, dass wir es nicht wissen. Genausowenig wie wir sagen können, ob Tiere ein Bewusstsein haben. Jedoch gibt es eine grosse Plausibilität dafür, weil das, was der Katze geschieht, und die Art, wie sie reagiert, unseren Erfahrungen und unserem Verhalten sehr ähnlich ist. Pflanzen sind uns nicht so ähnlich. Das ist es, was wir sagen können.«

Ich schweige, lasse mir Klaus Peter Rippes Worte durch den Kopf gehen. Bin ich mit dieser Zurückhaltung einverstanden? Ted Turlings würde ihm sicher zustimmen. Bin ich eher auf der Seite Anthony Trewavas', der den Pflanzen Erinnerungsvermögen und Intelligenz zuschreibt? Ich weiss es nicht mehr.

Als ob Klaus Peter Rippe meine Gedanken mitverfolgt hätte, wirft er ein: »Wir Philosophen sind an solchen Punkten immer sehr vorsichtig. Wir scheuen die zu schnelle Übertragung einer Eigenschaft des Menschen auf andere Lebewesen. Darüber wissen wir zuwenig. Empfindet die einzelne Pflanze wirklich Schmerz? Ist dies ohne Gehirn überhaupt möglich? Dass man immer vom Tier auf die Pflanze schliesst, finde ich heikel.«

Umgekehrt schliesse man aber auch vom Roboter auf die Pflanze, entgegne ich.

Er antwortet, wer die Pflanze aufwerten wolle, rücke sie in die Nähe des Tiers; wer sie hingegen herabsetzen wolle, bringe sie mit der Maschine in Verbindung.

Ich frage ihn, was für ihn persönlich die Konsequenz sei, wenn die Pflanze eine Würde hätte. Die Antwort könne ja wohl nicht lauten: Wir essen kein Grünzeug mehr. Menschen und Tiere ernährten sich ausnahmslos von Pflanzen, sei dies direkt als Pflanzenfresser oder indirekt als Fleischfresser. Ohne Pflanzen gäbe es keine Menschen, keine Tiere. Von einem Forscher hätte ich sogar gehört: Es könnte ja die ethische Aufgabe der Pflanze sein, gefressen zu werden …

»Gut, aber der willkürliche Umgang mit Pflanzen wäre nicht mehr möglich. Wir nähmen ihre Würde nicht ernst, wenn wir eine Pflanze einfach mit den Wurzeln aus dem Boden rissen oder aus rein ästhetischen Gründen den Rasen mähten.«

»Rasen mähen? Das Gras wächst nach. Das ist ja das Einzigartige an Pflanzen, dass ich einem Baum einen Ast abschneiden kann; einer Katze hingegen kann ich kein Bein ausreissen – in dieser Hinsicht sind Pflanzen grundlegend verschieden von Tieren.«

Die Grenzen lägen meiner Ansicht nach anderswo, fahre ich fort. Für mich verstosse die Patentierung von Pflanzen gegen deren Würde. Dies gelte auch für die sogenannte Terminatortechnik, das heisst das gentechnische Unfruchtbarmachen von Pflanzen. Ich sei auch skeptisch gegenüber gentechnischen Veränderungen von Pflanzen in industriellem Massstab.

»Bei der Terminatortechnik stimme ich dir ohne weiteres zu. Sonst nicht. Patente auf Pflanzen sollte es nicht geben, weil die Züchtung frei von Patenten bleiben muss. Das Würdeargument finde ich in diesem Zusammenhang aber nicht gut.«

Ich wende ein, dass wir die Pflanzen durch die Patentierung zu Maschinen degradierten und vollständig zum Instrument unserer Interessen machten. Schwer liege mir auch, fahre ich fort, dieses ewige »Wir-wissen-es-nicht«-Argument auf dem Magen. Es diene zu oft dazu, sich gegenüber weitergehenden Ideen zu verschliessen.

Klaus Peter Rippe stimmt zu, wenigstens teilweise: »Wir müssen den Sprung wagen, aber das erfordert auch neue Definitionen. Was bedeutet zum Beispiel Bewusstsein? Bereits bei Tieren ist dies schwierig zu entscheiden: Sie nehmen wahr, dass ihnen etwas Schlechtes angetan wird, was wir als Bewusstsein in einem schwächeren Sinn auffassen können. Wenn wir den Pflanzen ein Bewusstsein zuschreiben, dann müsste dieses nochmals viel schwächer sein. Das gleiche gilt für Intelligenz oder Empfindung. Eigentlich muss das ganze moralische Vokabular neu gedacht werden. Und wenn wir von Pflanzenwürde reden, wem soll diese zukommen, dem einzelnen Baum oder dem Wald?«

»Das ist komplex, in diesem Punkt sind sich auch die Botaniker uneins. Die meisten, die ich befragt habe, siedeln das für Würde entscheidende individuelle Verhalten am ehesten auf der untersten Ebene an: auf der des Blattes zum Beispiel. Der Baum hingegen habe nur eine geringe Koordinationsfunktion im ganzen.«

»Dann wäre ich für die Würde des Eichenblattes.«

»Nicht unbedingt. Ein Baum – denk an einen riesigen, uralten und knorrigen Eichenbaum! – hat eine ganz individuelle Ausstrahlung.«

Mir wird wieder einmal bewusst, dass wir bei dieser Annäherung an das Faszinosum Pflanze erst ganz am Anfang sind. Zeigen sich auf der Zellebene stupende Ähnlichkeiten mit uns Menschen, so sind die Unterschiede auf den nächsthöheren Ebenen enorm gross. Noch fehlt uns die Sprache, um Pflanzen zu beschreiben, und wir wissen nicht einmal, wer der richtige Adressat ist, wenn es um Würde oder »Wirdekeit« geht. Wem kommt sie zu – dem Blatt, dem Baum oder dem Wald?

Von gärtnernden Fischen und smarten Schleimschimmeln

Mit Laptops und Rucksäcken, vollgestopft mit Büchern, reisen wir ins Tessin, mein Mann Günter und ich. Wir haben hier zusammen mit Bekannten ein altes Haus gemietet, hoch oben über dem Luganersee. Viele Fragen beschäftigen mich: Findet sich »intelligentes« Verhalten auch bei anderen Lebewesen? Gibt es wirklich eine »Intelligenz« in der Natur? Oder sind andere Begriffe geeigneter, die grandiose Reaktionsvielfalt mancher Lebewesen zu beschreiben? Diesen Fragen will ich in den nächsten zwei Wochen nachgehen.

Nach der Ankunft machen wir einen kleinen Spaziergang durch den nahe gelegenen Wald mit den vielen Edelkastanien. Ich liebe diese Bäume, ganz besonders ihre gedrungene Gestalt mit den dachartigen Kronen. Die älteste Edelkastanie in der Schweiz – sie steht oberhalb des Tessiner Dorfes Brusino – ist rund tausend Jahre alt. Die Bäume blühen gerade, es ist Juni, ihr süsslicher und ein wenig schwülstiger Duft erfüllt den Wald. Ein betörender Geruch, der für nichts anderes Raum lässt.

Später am Abend sitzen wir noch eine Zeitlang im Hof unter einem sternenklaren Himmel. Ich versuche zu rekapitulieren. Zu Beginn, nach der Ablehnung der Gen-Schutz-Initiative, war ich aufgebrochen, um nach positiven Alternativen zu suchen. Eine fand ich am Forschungsinstitut ICIPE in Kenia. Später habe ich von Tomaten erfahren, die sich gegenseitig mit Duftstoffen vor Feinden warnen, oder von Pflanzen, die lernen, in salzhaltigen Böden zu überleben.

Solche Erkenntnisse begeistern mich. In den letzten Jahren habe ich immer wieder versucht, diese neuen Ideen in die Öffentlichkeit zu bringen, mit Veranstaltungen, Medienkonferenzen oder Presseartikeln. In ihnen liegen die Lösungen für die Zukunft, davon bin ich überzeugt.

Doch gleichzeitig tauchen immer neue Fragen auf: Was macht eigentlich eine Pflanze aus, ein Tier oder eine Bakterie? Während meiner Recherchen zum Wesen der Pflanze habe ich mit fünf Experten längere Interviews durchgeführt. Auffallend ihre Scheu, ein bei Menschen und Tieren gebräuchliches Vokabular anzuwenden, selbst wenn Pflanzen ähnlich komplexe Reaktionen zeigen. Doch eine rein mechanistische Beschreibung der neuentdeckten Pflanzenphänomene scheint nicht mehr möglich zu sein; sie greift zu kurz. Diese Sprachlosigkeit im Umgang mit neuen Forschungen hat mich herausgefordert. Mir wurde auch bewusst, wieviel in den letzten Jahren entdeckt wurde, das noch nicht erklärt werden kann.

Die Schwierigkeiten fangen schon bei den Begriffen an. Adolf Portmann postuliert bei Tieren eine »Innerlichkeit«; Klaus Peter Rippe redet von »Empfindungsfähigkeit« und »Bewusstsein«; Anthony Trewavas nennt Pflanzen »intelligent«. Bei meinen Nachforschungen stosse ich immer wieder auf das englische Wort »mind« und finde im Wörterbuch eine ganze Palette von Übersetzungen dafür, nämlich: Geist, Verstand, Gesinnung, Gemüt, Seele, Herz, Absicht,

Ansicht, Erinnerung, Gedächtnis. Wenn also vom »mind« eines Delphins oder einer Biene die Rede ist, kann dies vielerlei heissen – das ist mir zu vage. Was tun? Ich benötige einen einzigen Begriff und entscheide mich für Intelligenz, und zwar im Sinne der lateinischen Bedeutung »inter-legere«, das heisst: wählen zwischen verschiedenen Optionen. Aber Intelligenz ist ein kulturell hoch aufgeladenes Wort.

Zu Beginn des 20. Jahrhunderts galt Intelligenz als Fähigkeit, sich unbekannten Situationen anzupassen und Lösungen für neue Probleme zu finden. Später folgten Versuche, Intelligenz messbar zu machen. Intelligenz wurde als das definiert, was aufgrund von Intelligenztests jeweils als Intelligenzquotient (IQ) bestimmt werden konnte. Heute sind Intelligenzmodelle multidimensional. Die meisten Forscher und Wissenschaftlerinnen gehen von mehreren Intelligenzen aus, die voneinander unabhängig sind, aber im Zusammenspiel miteinander zu intelligentem Verhalten führen. Howard Gardner zum Beispiel postuliert zehn eigenständige Intelligenzen – darunter eine sprachliche, eine räumliche, eine musikalische und eine emotionale Intelligenz, die bei verschiedenen Menschen jeweils unterschiedlich ausgeprägt sind. Bei mir selbst ist, glaube ich, die räumliche Intelligenz begrenzt; ich habe grosse Orientierungsschwierigkeiten in einer Stadt oder in den Bergen und kann mir räumliche Strukturen nur schwer vorstellen. Etwas besser würde ich beim logisch-mathematischen Intelligenztest abschneiden.

Andere Intelligenzforscherinnen und -forscher betonen, dass Kreativität und soziale Kompetenz wichtige Bestandteile der Intelligenz sind und die intelligenten Leistungen eines Menschen stark beeinflussen. Die Abhängigkeit vom sozialen Umfeld wird bei ihnen stärker betont als bei Howard Gardner.

Lange Zeit wurde es in der Biologie vermieden, tierisches Verhalten als »intelligent« zu bezeichnen; eine so »typisch menschliche« Eigenschaft sollte nicht auf Tiere übertragen werden. Wenn jedoch Intelligenz als Palette von verschiedenen Eigenschaften angesehen wird – zum Beispiel als Fähigkeit, zu lernen, das Gelernte mit altem Wissen zu verknüpfen und in neuen Situationen anzuwenden; oder als Fähigkeit, zu denken, zu folgern und zu planen –, dann fällt es nicht schwer, Intelligenz auch bei höheren Tieren anzunehmen, zumindest ansatzweise.

So berichtete das Wissenschaftsjournal »Science« in seiner Ausgabe vom 11. Juni 2004 über intelligentes Verhalten bei einem Hund. Der Rand Collie Rico versteht viele Wörter unserer Sprache und hat demonstriert, dass er extrem lernfähig ist. Rico kennt die Namen von Hunderten von Gegenständen – Spielzeug, Stofftiere und ähnliches – und apportiert sie auf mündliche Aufforderung hin. Er erinnert sich noch Wochen später an die Namen der Objekte, die er einmal gelernt hat. Beeindruckend ist Ricos Geschick, neue Wörter zu lernen: Die Forscher legten zwischen die bekannten Gegenstände ein neues Spielzeug, nannten Rico dessen Namen und forderten ihn auf, es zu holen. Meistens fand Rico das neue Objekt: Es war jenes, das er mit keinem der früher gelernten Wörter in Verbindung bringen konnte. Rico ging nach dem Ausscheidungsverfahren vor, dem sogenannten »fast mapping«. Auch Kinder lernen mit dieser Methode, und die Forscher schreiben in dem Artikel, Rico sei auf manchen Gebieten so intelligent wie ein drei Jahre altes Kind.

Auch Fische haben ein ausgezeichnetes Gedächtnis und sind lernfähig. Dies galt bis vor kurzem noch als ausgeschlossen; Fische, so war die Lehre, könnten nur automatisch, also instinktiv reagieren. Culum Brown, der an der Edinburgh University seit zwanzig Jahren das Verhalten von Fischen studiert, berichtet, dass er bei vielen Fischarten »soziales Lernen« beobachten konnte. Fische erlernen neue Verhaltensmuster und neues Wissen, indem sie zum Beispiel ihre Artgenossen beobachten und nachahmen. Dabei zeigte sich bei Experimenten im Labor, dass grosse Fischgruppen schneller lernen als kleine. Beispielsweise entfliehen grosse Fischschwärme schneller als kleine, wenn ein Netz auf sie zukommt.

Fische haben auch ein erstaunliches Langzeitgedächtnis. Culum Brown trainierte Regenbogenfische darauf, in einem Netz eine technisch bedingte Lücke zu finden und so zu entfliehen. Elf Monate danach erinnerten sich die Fische noch an diesen Trick, obwohl sie das Netz in der Zwischenzeit nicht mehr gesehen hatten. Das gut ausgebildete Langzeitgedächtnis befähigt Fische zudem, komplexe soziale Beziehungen aufrechtzuerhalten. Sie tauschen Informationen offenbar nicht nur untereinander aus, sondern geben sie auch von Generation zu Generation weiter, so dass Traditionen entstehen. Für Culum Brown ist unbestritten, dass Fische intelligent sind.

Zudem gibt es auch Fische, die Werkzeuge gebrauchen, einen Stein zum Beispiel, um Austern aufzubrechen. Grasende Fische halten sich gepflegte Gärten, jäten unerwünschte Algen und ziehen wohlschmeckende auf. Ein hochentwickeltes System also, das unserer Landwirtschaft ähnlich ist.

Tage vergehen, und ich suche unablässig nach intelligentem Verhalten in der Natur. Vergrabe mich in die Literatur. Morgens früh ein kleiner Ausflug auf den Hausberg, dann wieder an die Arbeit. Im ganzen Zimmer stapeln sich Bücher, Artikel und Notizen. Ich komme nur schrittweise vorwärts, ein Riesenberg wartet noch auf mich. Immerhin, die Zahl der Forscherinnen und Forscher, die Lebewesen Intelligenz zuschreiben, scheint zuzunehmen.

Das gilt sogar für einzellige Lebewesen: Im Jahr 2000 veröffentlichte der japanische Forscher Toshiyuki Nakagaki im Wissenschaftsjournal »Nature« einen Bericht über intelligentes Verhalten von Schleimschimmel. Toshiyuki Nakagaki untersucht an der Hokkaido-Universität in Sapporo den Schleimschimmel *Physarum polycephalon*, ein grüngelbes gallertartiges Lebewesen, das aus einer einzigen Zelle besteht und so gross wie eine Hand sein kann. Ich lese seinen Bericht im Tessin wieder und bin erneut fasziniert. Einige Tage später erhalte ich von einem Freund ein Video mit dem Versuch zugeschickt.

Gebannt verfolge ich am Bildschirm, was passiert: Toshiyuki Nakagaki reisst den Schleimschimmel auseinander und verteilt die Teile in einem Labyrinth, einer etwa zwölf Quadratzentimeter grossen Platte mit vielen Unterteilungen und Sackgassen. Zuerst wachsen die Teile des Einzellers wieder zusammen, und bald füllt ein einziger, giftgrün schillernder Schleim das ganze Terrain aus. Toshiyuki Nakagaki legt einige Haferflocken an die beiden Ausgänge des Labyrinths. Die folgenden Zeitrafferaufnahmen zeigen, wie sich der Schleim über die Haferflocken stülpt und sie im Nu ganz überwuchert – das sieht geradezu gierig aus. Als nächstes zieht sich der Schleim aus allen Sackgassen zurück, macht keine Umwege mehr und konzentriert sich auf die kürzeste Route zwischen den beiden Ausgängen mit den Haferflocken. Nach einigen Stunden ist es soweit: Ein hellgrün pulsierendes Band erstreckt sich von Futterquelle A zu Futterquelle B, alle anderen Gänge sind leer. Der Schleimschimmel habe den Intelligenztest bravourös bestanden, sagt der Kommentator.

Der japanische Forscher selbst ist vorsichtiger. Er schreibt, der Schleimschimmel müsse den Weg »kalkulieren« können, anders sei diese Leistung nicht erklärbar. »Dieser bemerkenswerte Prozess zellulärer Kalkulation bedeutet, dass zelluläre Materie primitive Intelligenz aufweist«, stellt Toshiyuki Nakagaki nüchtern fest. Der Versuch mit dem Schleimschimmel ist eines von vielen Projekten, die sein Team verfolgt, um die Dynamik von natürlichen, adaptiven Netzwerken zu studieren.

Vom Freund, der mir das Video zur Verfügung gestellt hat, erfahre ich, dass Toshiyuki Nakagaki nach der Publikation in »Nature« zahlreiche Anrufe von Medienleuten erhalten habe. Dabei stand bei den Medienleuten aus westlichen Ländern die Verwendung des Begriffs »Intelligenz« im Zentrum des Interesses, japanische hingegen erkundigten sich nach allen Details des Versuches, und es war offensichtlich, dass ihnen die Vorstellung überhaupt nicht fremd war, alle Lebewesen verfügten über so etwas wie Intelligenz.

Toshiyuki Nakagaki führt diese unterschiedlichen Haltungen auf kulturelle und religiöse Einstellungen zurück und verwendet seit dieser Erfahrung statt »intelligent« den Begriff »smart«, also gescheit oder wissend, um semantische Probleme zu vermeiden. Auf seiner Internetseite finde ich denn auch die Überschrift »Erstaunlicher Schleimschimmel lernt smarte Lösungen«.

Am nächsten Morgen erzähle ich Günter beim Frühstück vom Schleimschimmel und davon, dass offenbar einige der niedrigsten Lebewesen im Pflanzen- und Tierreich, wie ebendieser formlose Schleim, nicht so primitiv seien, wie bisher angenommen wurde, und dass sie vielleicht sogar über Intelligenz verfügten.

Günter ist skeptisch. Auch von Maschinen werde behauptet, sie seien intelligent, gibt er zu bedenken und erzählt von einem Versuch, der im Frühjahr 2004 in den USA vom Pentagon durchgeführt worden sei. Dabei seien verschiedene vierrädrige Roboterautos darauf getestet worden, ob und wie gut sie sich selbst steuern könnten.

»Die Autos«, sagt Günter, »waren natürlich vollgestopft mit Sensoren, Kameras, Computern und Steuerelementen. Sie mussten eine Strecke von über 200 Kilometern meistern, von der ihnen nur die Anfangs- und Endkoordinaten bekannt waren. Die Teststrecke war schwieriges Gelände in der Mojave-Wüste, mit vielen Kurven und Steigungen«.

»Und wie verliefen die Versuche?«

»Alle Teilnehmer sind gescheitert; einer schon beim Start, weil die Bremsen blockierten. Der Beste schaffte es 12 Kilometer, doch dann geriet er in eine Böschung und konnte sich nicht mehr herausbuddeln«, erzählt Günter, lacht und meint dann nachdenklich: »Diese Versuche sind ein Anfang, und es wird weitergeforscht. Der Punkt ist: Die Autoroboter reagieren flexibel, und sie sollen Probleme lösen, die neu für sie sind. Würde ihnen dies gelingen, müssten wir sie dann als intelligent bezeichnen?«

Ich wende ein, dass die Roboter speziell dafür konstruiert wurden, sich im Gelände zurechtzufinden; sie könnten ausschliesslich auf diesem Gebiet neue Aufgaben lösen und adaptiv reagieren. Ein Schleimschimmel aber löst neue Aufgaben in einem künstlichen Labyrinth, und eine Pflanze, deren Wurzeln in jungen Jahren niedrigen Salzkonzentrationen ausgesetzt wurde, lernt, im salzhaltigen Boden zu überleben – auch dies ist eine ganz neue Herausforderung für sie. Die Elternpflanzen konnten das nicht. Lebewesen sind offenbar auf jedem Lebensgebiet flexibel und finden intelligente Antworten. Sie verfügen auch über eigene Reparaturmöglichkeiten; wenn ein Autoroboter hingegen einen Defekt hat, muss ihn ein Techniker reparieren.

Später, nach einigem Grübeln, tauchen neue Fragen auf. Damit ein Roboter funktioniert, sage ich mir, braucht es Konstrukteure. Es braucht Programmierer, die den Apparat programmieren, und Techniker, die ihn warten und reparieren. Und Pflanzen oder Schleimschimmel? Sind sie Konstrukteure, oder werden sie konstruiert? Sind sie Programmierer, oder werden sie programmiert? Ist Intelligenz eine Eigenschaften von sich selbst organisierenden Systemen, gibt es einen Konstrukteur innerhalb des Organismus, oder steht eine unbekannte Kraft von ausserhalb dahinter? Es ist die alte Streitfrage; sie hat Generationen von Biologen und

Philosophinnen beschäftigt, und Antworten gibt es wohl keine. Wissenschaftlich lässt sich weder das eine noch das andere beweisen.

Einige Tage später, auf dem Gipfel des Monte Lema. Der Aufstieg war anstrengend; die Aussicht ist atemberaubend schön. Weit unter mir sehe ich auf das Dach eines kleinen Hofes, der sich an den rotbraunen Berghang duckt. Rechts der Lago Maggiore, dahinter das imposante Monte-Rosa-Massiv mit der Dufourspitze und daran anschliessend die grossen Walliser Viertausender. Auf der andern Seite, links von mir, bis zum äussersten Horizont, staffeln sich violette Hügelketten, und irgendwo hinter den letzten Höhen liegt Mailand. Ich bin allein hier oben. Tiefe Stille, kein Laut, nichts.

Meine Gedanken kreisen um die letzten Tage. Überall, wo immer ich hinschaue, fallen Mauern in sich zusammen. Die Trennmauer zwischen Tieren und Pflanzen zum Beispiel, sie wird immer bröckeliger. In bezug auf Komplexität gibt es zwischen dem Tier- und Pflanzenreich graduelle Unterschiede, aber keine prinzipiellen. Das haben alle von mir befragten Experten und Expertinnen bestätigt, selbst diejenigen, die sich sträuben, Pflanzen intelligent zu nennen.

Auch Tierforscher sind auf breiter Front daran, Gemeinsamkeiten zwischen Gebieten zu entdecken, die früher durch hohe Mauern voneinander getrennt waren, zum Beispiel bei den Wirbeltieren. Die traditionelle Evolutionstheorie postulierte eine gerade Evolutionslinie von unten nach oben. Zuunterst waren die Fische, mit relativ einfachem Nervensystem und mit starren und instinktgeleiteten Verhaltensweisen. Dann kamen die Amphibien, die Reptilien, die Vögel und die Säuger, fast ganz oben die Primaten und ganz oben der Mensch, mit komplexem Gehirn, mit Intelligenz und Selbstbewusstsein. Moderne Evolutionstheorien sehen das anders: Statt einer geraden Linie von unten nach oben gehen sie von einer Vielzahl von Wirbeltierarten aus, deren Evolutionslinien mehr oder weniger parallel zueinander verlaufen und alle von einem gemeinsamen Vorfahren vor einigen Hundert Millionen Jahren ausgehen. Viele Wirbeltierarten entwickelten unabhängig voneinander ähnliche Eigenschaften. Culum Brown schreibt: »Statt die Differenzen ins Licht zu rücken, decken vergleichende Psychologen, Verhaltensökologen und Neurowissenschaftler mehr und mehr einen immensen Grad an Ähnlichkeit auf zwischen den verschiedenen Gruppen.«

Lebewesen Intelligenz zuzuschreiben erscheint mir im Lauf der Recherchen immer plausibler. Voraussetzung ist, denke ich mir, dass vorgängig definiert wird, welche Aspekte der Intelligenz gemeint sind. Anthony Trewavas zum Beispiel bestimmt Intelligenz als »adaptives und variables Verhalten während der Lebenszeit eines Individuums«. Das ist sein Referenzpunkt, und bezogen auf diese Definition nennt er Pflanzen intelligent. Bei Fischen ist wohl ein erweiterter Intelligenzbegriff zu wählen, der soziales Lernen oder die Herausbildung von Traditionen mit einschliesst.

Andererseits: Bei Tieren, Pflanzen oder Einzellern wird eine stringente Intelligenzdefinition verlangt, beim Menschen hingegen ist das gar nicht möglich. Die Intelligenzforschung entstand aus dem Bedürfnis heraus, psychische Phänomene ebenso messbar und somit mathematisch beschreibbar zu machen wie physikalische Phänomene. Das erwies sich zunehmend als problematisch, und heute, so heisst es im Onlinelexikon der Neurowissenschaft, werde Intelligenz zumeist als ein theoretisches, nur mittelbar erschliessbares Konstrukt behandelt. So paradox es klingt: Während der Begriff »Intelligenz«, auf den Menschen bezogen, sich zusehends im Abstrakten verliert, gewinnt er, auf Tiere, Pflanzen und Mikroben angewandt, eher wieder an Kontur.

Den Begriff »Intelligenz« bei anderen Lebewesen als dem Menschen anzuwenden könnte auf jeden Fall ein Behelfsmittel sein, eine Metapher. Ein äusserst produktiver Behelf, der neue Perspektiven eröffnet. In den Naturwissenschaften gibt es viele solche Metaphern. Die amerikanische Wissenschaftshistorikerin Evelyn Fox Keller schreibt: »Wissenschaftliche Forschung zielt typischerweise auf Unbekanntes ab, auf Ganzheiten und Prozesse, bei denen kein klares Verstehen existiert. Wissenschaftler müssen Wege finden, um über das zu reden, was sie nicht wissen – über Dinge also, in die sie nur erste Einblicke, zu denen sie nur Vermutungen und Spekulationen haben. Um ihre täglichen Forschungsanstrengungen zu verstehen, müssen sie Worte und Ausdrücke erfinden, die etwas darstellen können, für das sie keine wortgetreuen Beschreibungen haben. Sich einen Reim zu machen über das, was noch nicht bekannt ist, ist darum eine fortwährende und provisorische Aktivität, ein Tasten im dunkeln, ein metaphorisches Stammeln; und da ist die Unschärfe und Flexibilität der bildlichen Sprache unerlässlich.«

Ich schaue mich um. Diese Weite, und vis-à-vis der Monte Rosa, nun im hellen Nachmittagslicht. Ich bin immer noch ganz allein. Irgendwo zwischen Himmel und Erde. Winzig. Und langsam überkommt mich Ruhe. Ich erinnere mich an die Edelkastanien tief unten im Tal. Da hatte ich das Gefühl, dass jede fast so etwas wie eine Persönlichkeit ist. Gefühl und Intuition, gewiss, das hat nichts mit rationaler Wissenschaft zu tun. Doch wenn auch dieser Gegensatz nicht ein totaler wäre, wenn es auch zwischen diesen beiden Welten Brücken gäbe? Ich denke dabei an Jeremy Narby und seine Nachforschungen zur Frage, wie Schamanen wissen, was sie wissen. Wie gelangen sie zu ihren immensen Kenntnissen über Pflanzen und deren Heilwirkungen?

Jeremy Narby, Anthropologe in Pruntrut

Wie wissen Schamanen, was sie wissen?

Das erste Mal treffe ich Jeremy Narby im Frühling 1997. Er begleitet einen Journalisten der »New York Times«, der mich zur Gen-Schutz-Initiative interviewen möchte. Neben dem hünenhaften Amerikaner erscheint Jeremy Narby klein; er hält sich im Hintergrund.

Zum Abschied schenkt er mir sein Buch »Die kosmische Schlange«. Auf dem Titelbild ist links eine Schlange abgebildet, rechts eine DNA in ihrer schlangenförmigen Helixform. Die DNA *(Deoxyribonucleic Acid)* bildet das Erbgut jedes Lebewesens. Sie besteht aus langen Molekülen, auf denen die Gene einzelne Abschnitte bilden. Die Gestalt der DNA ist die berühmte Doppelhelix; sie wird durch die zwei ineinander verschlungenen DNA-Stränge gebildet, die wie zwei ineinander verschlungene Schlangen aussehen. Der Untertitel des Buches lautet: »DNA und die Ursprünge des Wissens«. Im Klappentext lese ich, dass der Anthropologe Jeremy Narby lange Zeit bei Schamanen im peruanischen Amazonasgebiet verbrachte. Er untersuchte, wie Schamanen zu ihrem Wissen gelangen. Sie trinken Ayahuasca, ein starkes Halluzinogen, das es ihnen ermöglicht, mit Naturgeistern zu reden. Diese erscheinen oft in Schlangengestalt, was Jeremy Narby dazu verleitete, darin eine geheimnisvolle Beziehung zur DNA-Schlange der Molekularbiologie zu vermuten. Jeremy Narby stellte die Thesen auf: Die DNA ist das kosmisch Verbindende aller Lebewesen; Schamanen können in ihren Visionen über die DNA mit Naturgeistern kommunizieren.

Schon wieder einer, denke ich, der einen Kult um die DNA betreibt und sie in mystische Höhen erhebt, dieses Mal nicht ein Molekularbiologe, sondern ein Kenner schamanischer Rituale. Soll also das Gendogma auch noch den Segen der Schamanen erhalten? Verärgert lege ich das Buch beiseite – und vergesse es.

Das zweite Mal treffe ich Jeremy Narby im Jahr 1998 an einem Kongress zur »Integrität von Pflanzen« am Goetheanum in Dornach. In seinem Vortrag berichtet er von der Fähigkeit peruanischer Schamanen, auf eine ganz andere Art zu Wissen zu gelangen, als wir dies in der westlichen Welt gewohnt sind. Nach ihm redet eine Molekularbiologin, die mit ihm in den Amazonas reiste, dort unter Anleitung eines Schamanen Ayahuasca trank und in ihrer Vision die »Mutter der Tabakpflanze« fragte, ob sie Pflanzen gentechnisch verändern dürfe oder nicht. Das Geistwesen habe ja gesagt – wenn sie umsichtig vorgehe und niemandem schade.

Ein hochgradig religiöses Erlebnis, wie es die Molekularbiologin zweifellos gehabt hat, soll zur Rechtfertigung gentechnischer Manipulationen herangezogen werden? Das finde ich extrem peinlich – gleichzeitig jedoch faszinieren mich Jeremy Narbys Ausführungen zum Schamanenwissen.

Als er mich in einer Pause anspricht, platze ich los, kritisiere seine überholte DNA-Gläubigkeit und gebe ihm zu verstehen, dass ich die Geschichte mit der »Mutter der Tabakpflanze« überhaupt nicht goutieren könne. Ich sage ihm aber auch, dass mich seine Ausführungen über das

Schamanenwissen beeindruckt hätten – ein emotionales Wechselbad. Wir geraten ins Diskutieren und verpassen die nächsten zwei Vorträge.

Das dritte Mal treffe ich Jeremy Narby im Jahr 2001 an seinem Wohnort, in Pruntrut, einem kleinen, etwas verschlafenen Städtchen in den Hügeln des Schweizer Jura. Ich will für die Wissenschaftsseite der »Wochenzeitung« (WOZ) eine Geschichte schreiben zum Wissenssystem der Schamanen, und ich möchte mit ihm nochmals über das Gendogma disputieren.

Jeremy Narby holt mich am Bahnhof ab. Mir fällt erstmals auf, wie blau seine Augen sind, und auch, dass er etwas Bubenhaftes und Scheues an sich hat. Er schiebt sein Fahrrad mit Kindersitz neben sich her. Sein Zuhause ist eine ehemalige Uhrenfabrik, ein helles grosses Haus mit einem etwas verwilderten Garten. Das Büro ist ziemlich unordentlich, überall stapeln sich Bücher, Zeitungen und Zeitschriften, ein merkwürdiger Mix aus Anthropologie und moderner Biologie. An den Wänden hängen wunderbar farbige Bilder, die von Schamanen gemalt wurden. Wir machen es uns bequem.

Jeremy Narby berichtet davon, wie er bei seinem Aufenthalt im peruanischen Urwald bald festgestellt habe, dass die Ashaninca ein geradezu enzyklopädisches Wissen über Pflanzen und Tiere besässen. Sie kennten mehr Pflanzennamen in ihrer Sprache, als es dafür lateinische Namen gebe, und ihre profunden Kenntnisse erstreckten sich auch auf die medizinischen Heilwirkungen der Pflanzen. »Woher wisst ihr, was ihr wisst?« habe er seine Begleiter bei jeder

Gelegenheit gefragt. Die Antwort sei immer die gleiche gewesen. Die Ashaninca behaupteten, ihr Wissen über die Pflanzen hätten sie von diesen selbst erhalten. Die Schamanen, die sie Ayahuasceros nennen, trinken Ayahuasca, ein starkes Halluzinogen, das ihnen ermöglicht, mit den Geistern zu reden. Diese bewohnen alle Lebewesen und sind die Quellen des Ashaninca-Wissens. Sie sagten, die Natur sei wissend und spreche in Visionen und Träumen zu den Menschen. »Für die Ashaninca waren die Geister real«, sagt Jeremy Narby, »für mich aber allenfalls Metaphern – dass Geister real sein sollten, konnte ich nicht glauben.«

Schamane ist ursprünglich ein sibirisches Wort. Der Begriff wurde im 18. Jahrhundert von europäischen Sprachen übernommen, ohne dass man ihn in ein adäquates Konzept integrieren konnte. Er bezeichnet Menschen, die Trommeln schlagen oder Halluzinogene zu sich nehmen, in Trance geraten und Menschen heilen. Schamanen gibt es unter anderem in Indonesien, Uganda, Australien, in der Arktis und im Amazonasgebiet. Lange Zeit galten sie als neurotisch, schizophren oder hysterisch. Das änderte sich im Verlauf des 19. Jahrhunderts, doch eine grundsätzliche Schwierigkeit bleibt bestehen: Analysen über den Schamanismus sind immer rationale Studien über das Irrationale. »Solche Studien führen zwangsläufig in eine Sackgasse«, erklärt Jeremy Narby, »denn wir können nicht akzeptieren, dass das, was die Schamanen berichten, real ist. Aus rationaler Perspektive ist es undenkbar, dass Pflanzen mit Menschen kommunizieren.«

Er steht auf, verschwindet in der Küche und erscheint mit einer Kanne Schwarztee. Der Tee duftet leicht nach

Zitrone; ich umschliesse die Tasse mit beiden Händen und hänge seinem letzten Satz nach: Pflanzen kommunizieren mit Menschen. Wie ganz und gar unglaubwürdig das klingt! Ist das nicht purer Aberglaube?

Derweil erzählt Jeremy Narby, wie er den Schamanen Ruperto Gomez auf seinen Touren zu den Kranken begleitet habe und oft Augenzeuge von stupenden Heilungserfolgen wurde. Der Schamane habe ihm erklärt: »Einige meinen, wir Ayahuasceros seien okkult, was zwar stimmt, aber das ist nicht des Teufels. In Wahrheit ist Ayahuasca unser Waldfernsehen, unser Wald-TV. Wir sehen Bilder und lernen Dinge.« Wenn Ruperto Gomez Kranke besucht, nimmt er Ayahuasca zu sich, um eine Diagnose zu stellen und die richtige Pflanzenmedizin zu finden. Es seien die Geister der Pflanzen, die ihm dieses Wissen vermittelten.

Seine eigene Ayahuasca-Erfahrung unter der Führung von Ruperto Gomez beschreibt Jeremy Narby wie folgt: »Der Ayahuasca-Trank ist extrem bitter, mir wurde speiübel, und ich musste mich erbrechen. Ruperto Gomez sang währenddessen Melodien, die mir unbeschreiblich schön erschienen, und entlang dieser Melodien zeigten sich mir kaleidoskopartige Bilder mit leuchtenden Riesenschlangen und viel anderem Getier. Ich folgte dem Gesang und begann zu fliegen und tauchte in eine intensive Halluzination ein.«

Ayahuasca wird von den Schamanen des Amazonas seit Urzeiten hergestellt. Das Gebräu besteht aus zwei Pflanzen, die stundenlang zusammen gekocht werden. Der Busch *Psychotria viridis* enthält das Halluzinogen *Dimethyltryptamin*. Dieses wird im Magen durch Enzyme blockiert. Die

Ayahuasca-Liane *Banisteriopsis caapi* aber enthält mehrere Substanzen, die diese Magenenzyme inaktivieren, so dass das Halluzinogen aktiv werden kann.

Jeremy Narby trinkt einen Schluck Tee, stellt die Tasse sorgfältig ab und fährt fort: Schamanenwissen basiere auf subjektiven Emotionen, auf inneren Bildern und Intuitionen. Es könne nicht reproduziert werden. Visionen wiederholten sich nicht. Doch die Resultate seien reproduzierbar, eine Wundsalbe zum Beispiel wirke auch ein zweites und ein hundertstes Mal. Er betont: »Es gibt einen fundamentalen Unterschied in der Art und Weise der Wissensaneignung. Wir im Westen schauen aus unseren Augäpfeln in ein Mikroskop und sehen eine fragmentierte, scheinbar objektive Realität. Schamanen hingegen scheinen durch ein inneres Mikroskop in sich selbst hineinzuschauen und so mit der sie umgebenden Realität in Verbindung zu treten.«

»Warum«, so ereifert sich Jeremy Narby, »wird dieses Wissen im Westen ignoriert oder allenfalls belächelt?« Das begreife er einfach nicht. Er erzählt, wie er nach seinem Studium in Stanford in das Amazonasgebiet kam: »Ich hatte null Ahnung. Tiere und Pflanzen mochte ich sehr, doch Bienen waren für mich eher so etwas wie fliegende Toaster, also kleine Dinger ohne Geist, Seele und Intelligenz, die mit herkömmlicher Wissenschaft gut beschreibbar waren. Hier traf ich auf ein radikal anderes Verständnis.«

Schamanenwissen sei vor allem ein Wissen über die Ganzheiten, die den Schamanen Macht geben würden. Ihre Vorstellung von »Geist« oder »Seele« beruhe auf der fundamentalen Gleichheit von Mensch und Nichtmensch. Hier der Mensch, dort die Natur, diese westliche Vorstellung sei den Schamanen vollkommen fremd, und ein wichtiges Element der Wissensaneignung sei die totale Identifikation mit der Natur. Wenn es von Schamanen im Amazonasgebiet heisse, sie würden zu »Jaguaren«, indem ihre Herzen sich in »Jaguarherzen« verwandelten, sei dies nicht metaphorisch gemeint, sondern die Beschreibung eines realen Vorganges.

»Wenn man so will«, sagt Jeremy Narby, »besteht Schamanenwissen darin, das innere Mikroskop gebrauchen zu lernen.« Dazu gibt es eine ganze Reihe von Entfokussierungstechniken: kontrollierte Träume, verlängertes Fasten, Isolation in der Wildnis, Einnehmen von Ayahuasca, Hypnose oder Kombinationen solcher Techniken. Auch in der westlichen Kultur werden Entgrenzungserlebnisse beschrieben, oft als Intuition oder Geistesblitz. Viele Grundideen der Wissenschaft sind das Resultat solcher Geistesblitze, deren Ursprung ausserhalb der Grenzen des Rationalen zu liegen scheint. René Descartes träumte von einem Engel, der ihm die Grundprinzipien des materialistischen Rationalismus erklärte; August Kekulé träumte vor dem Kaminfeuer von einer Schlange, die sich in den Schwanz beisst, und kam so auf die zyklische Struktur des Benzolrings, eines der wichtigsten Moleküle der organischen Chemie. Albert Einstein sah verträumt zu, wie die Strassenbahn, in der er sass, einer anderen in der Gegenrichtung begegnete, und konzipierte die Relativitätstheorie.

Weitere Beispiele liessen sich anfügen. »Offenbar entstehen wissenschaftliche Entdeckungen oft aus einer Kombination von fokussiertem und entfokussiertem Bewusstsein«, meint Jeremy Narby. »Die typische Situation ist, dass Wissenschaftler monatelang intensiv an einem Problem arbeiten, und dann kommt ihnen die Erleuchtung beim Joggen oder auf dem Fahrrad oder beim Kochen, also dann, wenn er oder sie an etwas anderes denkt und entfokussiert ist.«

Schamanen kultivieren die Kunst der Entgrenzung. Wer Schamane werden will, muss eine harte, oft dreissig Jahre lang dauernde Schulung durchgehen, die vor allem darin besteht, Entfokussierungstechniken zu erlernen, sich in Visionen zu bewegen und kontrolliert mit den Geistern oder den Seelen anderer Lebewesen in Kontakt zu treten, jenseits der üblichen Begrenzungen von Raum und Zeit.

Zwischen unserer Vorstellung von Intuition oder »entfokussiertem Wissen« und dem Schamanenwissen gibt es jedoch einen grundlegenden Unterschied: Intuitionen entstehen innerhalb des menschlichen Gehirns, sie kommen »aus dem Unterbewusstsein«. Schamanen hingegen sagen, sie erhielten die Informationen von aussen, das heisst von den Pflanzenseelen oder Tiergeistern. Die Pflanzen kommunizieren aktiv mit ihnen; sie sind im wahrsten Sinne des Wortes ihre Lehrerinnen.

Pflanzen als Lehrerinnen? Pflanzen, die mit uns kommunizieren? Vielleicht bin ich als Biologin und Chemikerin zu sehr den Regeln des rationalen Denkens verhaftet, als dass ich mir dies überhaupt vorstellen könnte. Jeremy Narby fixiert mich mit einem fast hypnotischen Blick und hakt nochmals nach: »Versuch mal, die Entwicklung im Zeitraffer zurückzuspulen: Das Mikroskop wurde um 1600 entdeckt. Wenn jemand um 1500 behauptet hätte, dass Menschen, Tiere und Pflanzen voller Zellen sind, eine riesige Gemeinschaft von Zellen bilden und Menschen mit den Pflanzen sehr viele gleiche Proteine teilen – niemand hätte es geglaubt. Wir beginnen gerade erst zu verstehen, was auf molekularbiologischer Ebene alles geschieht. Vielleicht sind uns da die Schamanen sogar voraus.«

Er steht auf, tigert im Zimmer umher, wie eine Katze, denke ich, sucht vergeblich nach einem Buch und fährt erregt fort: »Halluzinogene Drogen wurden in der zweiten Hälfte der 1960er Jahre unter Strafe gestellt. Danach kam es zu einem Forschungsstillstand auf diesem Gebiet. Kein Wunder, wissen wir diesbezüglich so wenig! Es ist, wie wenn wir nach 100 Jahren Taliban-Herrschaft und Musikverbot etwas von Musik zu verstehen suchten; da würden uns schlicht die Konzepte fehlen.«

Wir wissen inzwischen einiges über die neurologischen Pfade von Halluzinogenen, kaum aber etwas über ihre Wirkungsweise. 1979 wurde entdeckt, dass das Gehirn den chemischen Botenstoff *Dimethyltryptamin* produziert – also eine der aktiven Komponenten von Ayahuasca. Aber wie die Droge wirkt, welche Prozesse sie auslöst, darüber gibt es kaum Forschungen.

»Unter diesen Umständen ist es nicht möglich zu entscheiden, ob nun die Informationen von innerhalb des Gehirns kommen, wie es der wissenschaftliche Standpunkt wäre, oder aus der Aussenwelt von Pflanzen, wie es die Schamanen darstellen«, sagt Jeremy Narby. Denkbar sei, dass die Informationen sowohl von innen wie auch von aussen kämen.

Claude Lévi-Strauss, für Jeremy Narby »ein Meister der Dialektik in der Anthropologie«, hat als einer der ersten den Schamanismus auf die gleiche intellektuelle Ebene gestellt wie die westliche Wissenschaft. Statt die beiden gegeneinander auszuspielen, ist es gemäss Claude Lévi-Strauss adäquater, sie als zwei parallele Methoden zur Erlangung von Wissen zu betrachten. Es sind zwei verschiedene Strategien, um die Natur wissenschaftlichen Untersuchungen zugänglich zu machen. Die eine lehnt sich an die subjektive Wahrnehmung und Vorstellungskraft an, die andere entfernt sich möglichst weit davon. Die Aufgabe jeder Wissenschaft sei es, Verbindungen herzustellen, schreibt Claude Lévi-Strauss, und dies scheint auf zwei unterschiedlichen Pfaden erreicht werden zu können: auf einem Pfad nahe der wahrnehmenden Intuition und einem anderen, weiter davon entfernten.

Mich beschäftigt immer noch die Frage, wie Pflanzen Lehrerinnen sein können. Wie soll ich mir dies vorstellen? Wie erhalten die Schamanen in ihren Visionen Informationen von den Pflanzen und ihren Geistern? Durch Gesänge, sagt Jeremy Narby: »Wenn du dich beruhigt hast in deinen Visionen, dann lernst du, wie du mit den individuellen Pflanzengeistern reden kannst. Du hörst ihren Melodien zu und singst zurück.«

Ethnologische Untersuchungen hätten gezeigt, fährt er fort, dass alle Schamanen weltweit die Verbindung zu den Geistern mit Gesängen und Musik herstellten. »Während meines Ayahuasca-Trips hat Ruperto Gomez mit seiner Stimme meine Halluzinationen geleitet und mir den Pfad zu meinen Visionen geöffnet.« Visuelle Musik und dreidimensionale Bilder, die zu Tönen verschmelzen, werden von den Geistern projiziert. Schamanen imitieren diese Klangbilder. Schamanismus könnte also beschrieben werden als das Erlernen von Gesängen, die es erlauben, den Pfad zu den

Seelen oder Geistern der Pflanzen zu öffnen und von ihnen Informationen – in Form von Tönen – zu erhalten.

Offenbar sehe ich nicht sehr überzeugt aus; Jeremy Narby stutzt – und erzählt von weiteren Beispielen schamanischer Gesänge aus anderen Weltregionen, aus Westaustralien oder Island etwa. Überall und unabhängig voneinander fänden sich die gleichen Beschreibungen. Da stecke sicher etwas dahinter.

Gesänge also. Doch was teilen sie mit? Wie weiss Ruperto Gomez nach einer Ayahuasca-Halluzination, dass diese Kranke an X leidet und bei ihr die Pflanze Y heilend wirken kann? »Wenn ich versuchen würde, deine Frage direkt zu beantworten, wäre dies bereits Ausdruck davon, dass wir nicht wirklich verstehen, worum es geht«, meint Jeremy Narby. Pflanzen würden keine direkten Informationen vermitteln, sondern Zeichen geben. Um diese Zeichen zu interpretieren, bedürfe es einer eigenen Sprache. Er verweist auf den englischen Anthropologen Graham Townsley, der davon ausgeht, dass es keine andere Möglichkeit gebe, da alles im Bereich der Geister oder der belebten Wesen von Natur aus extrem mehrdeutig, paradox und zwiespältig sei. Es handelt sich um Phänomene, die mit der Nacht assoziiert sind, mit Halbsehen und Träumen. Die Geister sind autonome Entitäten, mit einer eigenen Agenda und einer eigenen Intelligenz. Sie sind den Dingen, die sie beleben, sowohl »gleich und nicht gleich«. Wegen ebendieser Vieldeutigkeit gibt es überhaupt nur eine Methode, ihre Zeichen zu deuten: die »verdrehte Sprache«, wie es Graham Townsley nennt.

Die »verdrehte Sprache« ist nie direkt, sie verwendet Metaphern, Bilder, Geschichten, Mythen. Sie ist für Nichteingeweihte unverständlich, auch für jene der eigenen Gemeinschaft. Schamanenwissen bestehe darin, so Graham Townsley, in der verdrehten Sprache zu singen und kraftvolle Rhythmen zu intonieren, im Gesang vorsichtig die verbalen Bilder miteinander zu verweben. Die Gesänge sind sorgfältig elaborierte metaphorische Umkreisungen, die den Weg zur Geisterwelt öffnen. Ein Yaminahua-Schamane aus dem peruanischen Amazonas beschreibt es mit den Worten: »Mit meiner Sprache will ich sehen, singend untersuche ich sorgfältig die Dinge. Die verdrehte Sprache bringt mich nahe heran, aber nicht zu nahe. Mit normalen Wörtern würde ich mit den Dingen zusammenkrachen, mit der verdrehten Sprache kann ich sie umkreisen und sehe sie klar.«

Verdrehte Sprache – Gesänge – vorsichtiges Herantasten – ja kein Crash: Das Bild gefällt mir.

Jeremy Narby fährt fort: Erstaunlich sei auch, dass die Pfade in fast allen Schamanenkulturen von Schlangen und Drachen bewacht würden, oft auch von Jaguaren. Schlangen seien erstaunlich konsistent als Symbol des Lebens. In gemalten Schamanenbildern rund um die Welt spiele die Schlange eine herausragende Rolle als Verbindung zwischen Erde und Himmel.

Wir stehen auf und betrachten die grossen farbigen Schamanenbilder aus dem Amazonas, die an der Wand hängen. Da kriechen tatsächlich überall Schlangen herum, und manche von ihnen haben sich ineinander verschlungen. Aber auch Jaguare, Drachen, Vögel, unbestimmte Mischwesen und Blumen bevölkern die Bilder.

»Schlangen sind Meister der Verwandlung; sie haben viel Kraft, sie sind reine Muskelpakete und schiere Potentialität«, sagt Jeremy Narby, »immer wieder erzählten mir die Ashaninca von der Seele der Pflanzen, die Schlangengestalt hat, von der Schlangenhaftigkeit dieser ihrer Welt. Schlangenhaftigkeit – das ist das, was das Leben ausmacht.«

Und hier kommt die DNA ins Spiel. Die spiralig ineinanderverflochtenen DNA-Fäden sehen tatsächlich aus wie die Schlangen auf den Schamanenbildern. Jeremy Narby schaut mich herausfordernd an: »Meine grosse Frage war: Gibt es Gemeinsamkeiten zwischen dem westlichen Wissenssystem und demjenigen der Schamanen? Ich stiess auf die DNA. Auch sie hat Schlangengestalt, die doppelt gedrehte Helixleiter. Die DNA ist die Grundessenz aller Lebewesen, das, was uns alle verbindet. Pflanzen, Tiere, Menschen, Bakterien – sie alle haben DNA. Könnte es nicht sein, dass die DNA-Doppelhelix diese Schlangenhaftigkeit ist, mit der die Schamanen in ihren Visionen in Kontakt treten?«

Er habe versucht, die Antwort simultan in beiden Perspektiven zu finden, mit einem Auge in der Molekularbiologie, mit dem anderen im Schamanismus. Die Schlange, so Jeremy Narbys These, könnte das Symbol sein, das die Molekularbiologie mit dem Schamanismus verbindet. »Die schlangenförmige DNA scheint mir eine Möglichkeit aufzutun, wissenschaftlich zu verstehen, wie Pflanzenseelen mit Schamanen kommunizieren.«

Ich versuche, seiner Argumentation zu folgen, und ganz so abstrus wie bei der ersten Begegnung kommt mir seine These nicht mehr vor. Trotzdem, sie erscheint mir überdeterminiert und forciert.

1953 hatten Francis Crick und James Watson erstmals Skizzen von der DNA als Doppelhelix gezeichnet. Seither wurde die DNA ideologisch zu einem kulturellen Symbol hochstilisiert, dargestellt in Abbildungen, die denjenigen der Schlange des Lebens oft ähnlich sind. So etwa als Leiter zwischen Erde und Himmel, umgeben von den Insignien des Heils und der Verheissung, oder als Wendeltreppe für den Fortschritt in eine bessere Zukunft. Die symbolische Überhöhung der Doppelhelix fand in der Molekularbiologie ihre Entsprechung. Die Forschung konzentrierte sich ganz auf DNA und Gene. Den Genen wurde eine immense Macht zugesprochen, so als seien allein sie für Krankheiten oder auch Charaktereigenschaften verantwortlich.

Diese Sichtweise sei zu naiv und zu einseitig, versuche ich Jeremy Narby zu überzeugen. Gene spielten zwar bei Krankheiten eine wichtige Rolle – zusammen mit vielen anderen Faktoren. Heute schaue man aber mehr auf Netzwerke und dynamische Prozesse innerhalb der Zelle und nicht so sehr auf einzelne Gene.

Er gibt mir teilweise recht: »Okay, das dominierende Dogma war damals: Die DNA ist König. Ich war ein kleiner Anthropologe und sagte: Was die Molekularbiologie sagt und was die Schamanen sagen, das passt zusammen. Es war für mich auch der Zug, auf den ich aufspringen konnte, um Schamanenwissen salonfähig zu machen.« Und trotzdem, betont er, ganz falsch sei die Analogie nicht. Wenn man die DNA mit einem Schamanenverständnis anschaue, dann sei klar, dass die DNA niemals einfach ein von der Umwelt unabhängiges Molekül sei, sondern eine Art von Text, der nur in einem grösseren Zusammenhang einen Sinn ergebe. Und ihn fasziniere vor allem die Universalität der DNA als etwas, was uns alle verbinde: »Wir teilen mehr als 98 Prozent unserer DNA mit einem Schimpansen, ist das nicht grossartig?« fragt er.

Damit bin ich einverstanden, doch meine Schlussfolgerung ist eine andere. Gerade diese verblüffende Übereinstimmung ist für mich ein Indiz dafür, dass die Gene selbst nicht so zentral sind. Der Unterschied zwischen uns und einem Schimpansen liegt doch nicht bei ein paar wenigen Genen! Vielmehr ist das Zusammenspiel aller Komponenten – das Zusammenspiel von Genen mit Proteinen und anderen Molekülen also – das primär Wichtige. Ihre Vernetzungen und Interaktionen unterscheiden Mensch und Schimpanse, nicht die Gene als solche. Warum also den Fokus auf die DNA richten und alles andere ausblenden?

Ganz einig werden wir uns nicht. Jeremy Narby hat sich inzwischen auf die Suche nach offeneren Konzepten gemacht, um zwischen moderner Wissenschaft und Schamanenwissen eine Brücke zu schlagen. Ein gemeinsamer Ausgangspunkt unserer Diskussionen ist die Feststellung, dass Kommunikation in der belebten Welt ein allgegenwärtiges Phänomen zu sein scheint und wir gerade erst beginnen, eine Ahnung davon zu erhalten. Pflanzen geben Schamanen in einer »verdrehten Sprache« Zeichen. Aus der Forschung der letzten zwanzig Jahre wissen wir, dass Pflanzen aktiv mit Duftstoffen kommunizieren. Auch Heuschrecken regulieren ihr kompliziertes Sozialleben via Kommunikation mit Duftstoffen. Delphine kommunizieren über Töne. Doch die moderne Wissenschaft ist nicht nur der Kommunikation auf der Spur. Die Reise geht weiter. Lernfähige Pflanzen oder intelligente Schleimschimmel, das sind Themen, die Jeremy Narby und mich brennend interessieren. Sowohl er als auch ich schreiben ein Buch darüber, und wir tauschen Artikel und Studien aus, diskutieren Hypothesen und streiten uns um mögliche Interpretationen.

Immer wieder besuchen wir einander, einmal in Pruntrut, einmal bei mir zu Hause in Münchenstein. Meist führen wir die Diskussionen auf einem Spaziergang fort. Er zeigt mir seine bevorzugten Waldecken und seine Rückzugsklause. Es ist ein ehemaliges Schulhaus mitten im Wald, in vollkommener Einsamkeit. Dorthin zieht er sich zum Schreiben zurück. Ich zeige ihm meine Lieblingsorte. Die grossen Buchen um den Rottalweiher zum Beispiel; sie ergeben den Eindruck einer Kathedrale, der Boden ist federnd und weich. Und von den Pferdeweiden aus sehen wir über Basel hinweg weit in den Schwarzwald und ins Elsass hinaus.

Im Frühjahr 2004 treffen wir uns im Zoo Basel und sitzen bei einem Espresso in der milden Frühlingssonne. Neben uns bauen aufgeregte Kormorane ihre Nester; sie rucken mit dem Hals hin und her, kreischen und bringen Äste ins Nest; sie scheinen den Frühling zu spüren. Ich frage Jeremy Narby, was denn Schamanen von der Idee hielten, Tiere und Pflanzen intelligent zu nennen. Er sei dieser Frage bei seiner letzten Reise zu den Ashaninca-Indianern vor einem halben Jahr nachgegangen, erzählt er. Er hat das Ausbildungszentrum in Zungarococha im peruanischen Amazonasgebiet besucht, an dem junge Leute in ihrer eigenen Sprache und Kultur sowie in Spanisch und Naturwissenschaften unterrichtet werden. Die Unterrichtenden werden von ihrem Volk gewählt, den Shawi etwa oder den Kichwa und Kandoshi.

Sie kennen sich in Sprache, Kultur, in der Herstellung von Fallen und in der Mythologie besonders gut aus. Sie arbeiten eng mit peruanischen Wissenschaftlern zusammen und sind es gewohnt, zwischen den zwei Welten hin- und herzugehen. Er hält inne und sagt: »Ich habe versucht, vorsichtig zu sein. Intelligenz ist ein abstraktes Konzept unserer Kultur. Doch wenn Schamanen von dem sprechen, was ich Intelligenz nennen würde, dann reden sie von Geistern und Seelen, aber auch von Müttern oder Besitzern. Die ›Mutter der Tabakpflanze‹ sagen sie zum Beispiel oder der ›Besitzer der Tiere‹.«

Ein Experte habe ihm erklärt, dass ein Baum einen Geist oder eine Seele habe. Und dass alle Bäume zusammen eine »Mutter« besässen, sei es die Mutter einer Baumart oder die Mutter des Waldes. Doch Schamanen könnten im gleichen Satz von der Mutter und dem Geist einer Tabakpflanze reden, und manchmal sei dies ein Er, manchmal eine Sie. Es seien lose Konzepte, die ineinander übergehen. Es gebe kein Entweder-Oder, sondern immer ein Sowohl-Als-auch. Lebewesen verwandelten sich dauernd, und die Grenzen zerflössen. Der »Besitzer der Tiere« sei ein besonders grosser Verwandlungskünstler; er sei männlich und weiblich, manchmal eine Wildkatze, manchmal ein Vogel, manchmal halb Tier und halb Mensch – eine Mischfigur in menschlicher Gestalt. »Der Schamane seinerseits kann auch eine andere Gestalt annehmen. Er wächst in seinen Visionen aus seinem Menschsein hinaus und geht in ein Tier – meistens in einen Jaguar – über. Dann gelangt er auf die gleiche Wellenlänge wie der Besitzer der Tiere und kann mit ihm kommunizieren.«

Überhaupt: Transformationen, Mutationen, Metamorphosen – das sind Lieblingsthemen Jeremy Narbys. Ich wende ein, dass dies keine exklusive Spezialität von Lebewesen sei, auch Steine würden sich verwandeln. »Diese Kalksteine dort am Teichrand bei den Kormoranen«, sage ich, »sie sind im Laufe von Jahrmillionen aus Muschel- oder Schneckenschalen entstanden – eine beispiellose Metamorphose.« Das habe er sich noch nie überlegt, antwortet Jeremy Narby. Dann sei es wohl eine Frage der Zeit und nichts, was nur Lebewesen auszeichne.

Vielleicht, so denke ich mir, hat diese Faszination für Transformationen auch mit ihm selbst zu tun. Er sagt von sich, dass er ein Hybride sei, ein Mischling quasi, ein Grenzgänger zwischen verschiedenen Welten. 1959 in Montreal geboren, zog er 1970 nach Freiburg in der Schweiz, studierte später in Canterbury und promovierte in Stanford. Die Ashanincas im Amazonas begannen ihn zu interessieren. Seither pendelt er zwischen den zwei Welten. Er sieht sich als Übersetzer, als Interpret zwischen den beiden Welten. Heute arbeitet er für »Nouvelle Planète«, eine Organisation, die sich für Landrechte von Indianern einsetzt.

Ich bohre nach: Tiere und Pflanzen können sich verwandeln, sie haben eine »verdrehte Sprache«, sie haben einen Geist. Doch wo sind die Berührungspunkte zur wissenschaftlichen Vorstellung, dass die Natur intelligent ist? Jeremy Narby sagt: »Weil Tiere und Pflanzen einen Geist – oder eine Seele – haben, können sie Entscheidungen treffen. Sie haben die Fähigkeit zu denken, auch in die Zukunft hinaus, und sie können miteinander kommunizieren. Sie haben also eine Art ursprüngliche Intelligenz. Zusätzlich können sie und ihre Geister mit Menschen, die Ayahuasca trinken, in Kontakt treten. Geist heisst auf Ashaninca ›manin kari‹, was ›diejenigen, die versteckt sind‹ bedeutet.«

In unseren Gesprächen geht es mir oft so, dass Ahnungen in mir aufsteigen und Brücken sichtbar werden – um gleich wieder zu verschwinden und von hundert neuen Fragen abgelöst zu werden. Wie ein Sog sind diese Diskussionen. Immer tiefer und tiefer; manchmal kommen wir uns dabei sehr nahe, doch einen Augenblick später verblüfft mich Jeremy Narby mit einem Gedanken, der mir sehr fremd ist. Gleichzeitig merke ich, dass sich meine Wahrnehmung im Laufe der Zeit verschoben hat. Anfänglich wollte ich mit ihm zwei Themen diskutieren: das Wissen der Schamanen und die Rolle der DNA. Diese Agenda hat sich breit aufgefächert. Sie wurde unbestimmter. Offener. Komplexer. Weniger fassbar.

Jeremy Narbys Fixierung auf die DNA hatte mich wütend gemacht, weil er sich damit im Fahrwasser der Gentechnologiepropaganda bewegte. Die totale Beschränkung auf die Gene und die Ausblendung aller anderen Dimensionen hat zum Siegeszug der Gentechnologie beigetragen – darin steckt aber auch die ganze Problematik der Technologie. Die Kritik am »Gendogma« war der Ausgangspunkt meines Engagements gegen die Gentechnologie gewesen, und dabei hatten mir von Anfang an zwei Frauen zur Seite gestanden: die Molekularbiologinnen Beatrix Tappeser und Regine Kollek.

Jeremy Narby (Foto: F. Koechlin)

Hinterkiemerschnecke *Doto coronata,* Zeichnung v. A. Portmann, 1922

Adolf Portmann (Foto: W. Neumeister)

Indianerzeichnung von A. Portmann

Martin Ott mit seinem Stier (Foto: Ph. Rohner)

Kuhherde in der Januarsonne (Foto: F. Koechlin)

FiBL-Forscherin Anet Spengler »benotet« das Verhalten einer Kuh

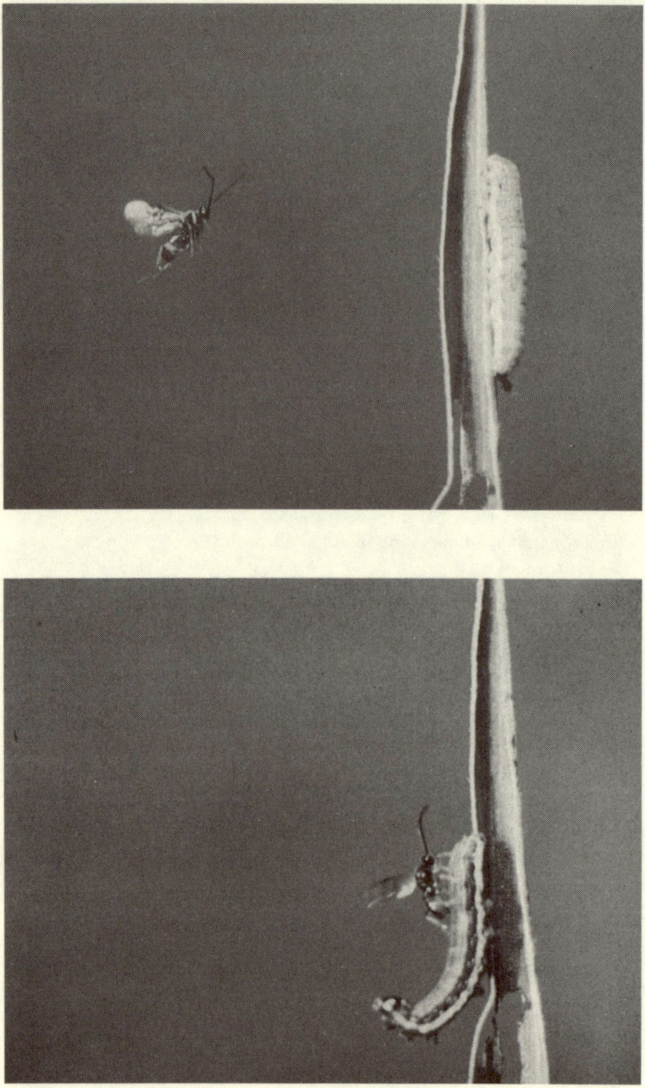

Schlupfwespe greift Raupe an, die an einem Maisblatt frisst
(Foto: T. Turlings)

Ted Turlings

Klaus Peter Rippe

Tomaten senden Parfumduft aus (Foto: D. Labhardt)

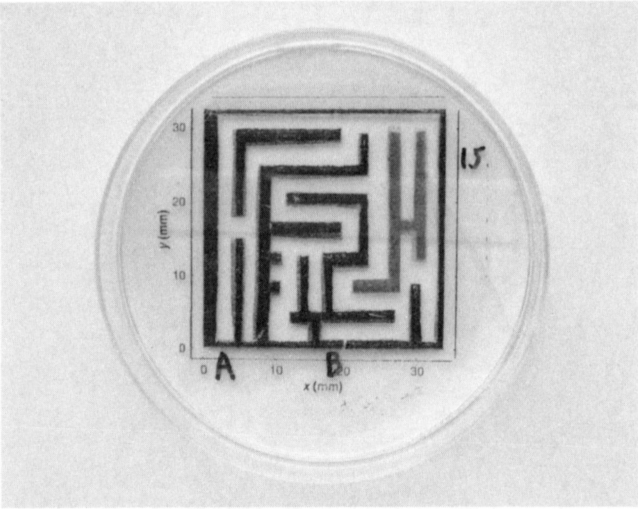

Labyrinth (3,5 cm auf 3,5 cm) für das Experiment mit dem Schleimschimmel (Foto: G. Spaar)

Uralte Edelkastanie auf der Alpe di Brusino/TI (Foto: V. Guarino)

Beatrix Tappeser, in Freiburg i.Br./Bonn, und
Regine Kollek, in Hamburg, Molekularbiologinnen

In der Biologie ergibt eins und eins nicht immer zwei

Das 20. Jahrhundert ist das »Jahrhundert des Gens«. Gentechnologie dominiert die Wissenschaft. In sie werden immense Hoffnungen gesetzt. Endlich erscheint es möglich, mit einer Technologie bisher unheilbare Krankheiten zu heilen oder Hunger und Armut zu bekämpfen. Wie glaubwürdig sind diese Versprechen?

Ich selbst beginne mich Mitte der 1980er Jahre für Gentechnologie zu interessieren. Bis dahin hatte ich mich vor allem gegen den Bau des Atomkraftwerks Kaiseraugst vor den Toren Basels engagiert. Auch bei der Atomtechnologie war die Euphorie anfangs gross. Ich erinnere mich an einen Werbespot: Eine Hand hält einen Uranklumpen, und darunter steht: »Versprechen für eine goldene Zukunft«. Aber Mitte der 1970er Jahre entstehen in vielen westlichen Industriestaaten breite atomtechnikkritische Bewegungen, auch in der Schweiz. Das AKW Kaiseraugst wird nicht gebaut.

Und nun die Gentechnologie: Wir hören und lesen ähnlich grosse Verheissungen, und wie bei der Atomtechnik beherrschen ein paar wenige das Geschäft. Das macht mich misstrauisch. Und im Unterschied zur Atomtechnik steht hier das Leben selbst – und dessen Manipulation – zur Disposition.

Während des Biologiestudiums hatte ich Genetik als Schwerpunktfach gewählt; ich erfuhr viel über traditionelle Genetik, doch die Gentechnologie spielte in unserem Lehrplan noch keine grosse Rolle. Ich vergrabe mich in die Literatur, lese Fachbücher, suche nach kritischen Berichten. Das Thema zieht mich immer mehr in seinen Bann.

Zwei, die sich bereits seit Beginn der 1980er Jahre mit der Gentechnologie befassen, sind Beatrix Tappeser und Regine Kollek. Beatrix Tappeser arbeitet am Öko-Institut in Freiburg im Breisgau, Regine Kollek am Hamburger Institut für Sozialforschung. Beide haben ihre Karriere als Molekularbiologinnen begonnen und sind später aus dem Forschungsbetrieb ausgestiegen, um sich kritisch mit der Gentechnologie auseinanderzusetzen.

Freiburg i.Br. und Basel, 1988. Beatrix Tappeser treffe ich das erste Mal 1988 in ihrem Haus in Freiburg i.Br. Sie ist hochschwanger, der Geburtstermin steht kurz bevor. Über dem runden Bauch bauscht sich ein Pullover in warmen Herbstfarben; sie macht einen gemütlichen Eindruck, gar nicht denjenigen einer verbissenen Kämpferin wider die Gentechnik. Wir sitzen in der Küche des geräumigen Hauses, überall liegen Kindersachen herum. Was ihr Haupteinwand gegen diese neue Technologie sei, möchte ich wissen. Beatrix Tappeser denkt nach und sagt: »Das Problem ist die Dominanz des Legobaukastendenkens, die simple Vorstellung nämlich, dass Gene so funktionieren wie Legobausteine. Du steckst ein Bauklötzchen oben auf das Haus, um den Kamin zu verlängern. Damit veränderst oder beeinträchtigst du das Ganze überhaupt nicht; das Haus hat einfach einen längeren Kamin. Auf die Gentechnik übertragen bedeutet dies: Du setzt ein Gen für blaue Augen ins Erbgut eines Lebewesens ein. Damit veränderst oder beeinträchtigst du es überhaupt nicht, es hat nun einfach blaue Augen. Als ob ein Gen ein immer gleich funktionierender Legobaustein wäre. Das nennen wir das Gendogma. Viele Befunde weisen schon heute darauf hin, dass alles komplexer ist. Das Gendogma ist natürlich in seiner Einfachheit sehr verführerisch und elegant. Aber in der Natur haben wir es mit lebenden Systemen zu tun und nicht mit Legobaukästen.« Mir ist wohl anzusehen, dass mich diese Erklärung nicht zufriedenstellt. Beatrix Tappeser fährt fort: »Das Gendogma besagt: Ein Gen enthält die Bauanleitung für ein Protein. Proteine sind die molekularen Bausteine der Zelle. Aus allen Proteinen zusammen entstehen Lebewesen. In vielen Kettenreaktionen bilden sich zuerst Zellen, dann Gewebe und Organe und schlussendlich ganze Lebewesen. Gene bestimmen also durch die Proteine sowohl unseren Bauplan wie auch alle Stoffwechselvorgänge, die zum Leben nötig sind. Gene stehen am Anfang jeder Reaktionskette; die Informationen laufen nur in eine Richtung wie in einer Einbahnstrasse – vom Gen zum Protein, nie umgekehrt. Das Gen produziert immer dasselbe Protein, es ist ein Ding, das Instruktionen aussendet, selbst aber keine empfängt. Das ist natürlich Unsinn. Tatsächlich kann ein Gen beim Aufbau verschiedener Proteine beteiligt sein, und zwischen Genen, Proteinen und Zellen gibt es mannigfaltige Wechselwirkungen.«

Sie hält inne, steht umständlich auf und holt sich ein Glas Wasser. Dann fährt sie fort: »Das Fatale ist, dass diese simplifizierende Denkweise auch die Sicherheitsphilosophie prägt. Dies besagt: Ein Gen bleibt sich immer gleich, ein harmloses Gen bleibt also immer ein harmloses Gen. Wenn man das Gen kennt, kann man seine Wirkungsweise voraussagen. Daher sind die Risiken berechenbar. Gentechnische Eingriffe erscheinen beherrschbar. Das ist aber ein grosser Trugschluss, da die Wirkung der Gene und der von ihnen gebildeten Proteine nicht immer identisch ist. Sie hängt von vielen Faktoren ab. In der Biologie ergibt eins und eins nicht zwangsläufig zwei.«

Regine Kollek treffe ich einige Wochen später, gegen Ende 1988, an einem Kongress in Basel. Sie knüpft an das an, was mir Beatrix Tappeser erklärt hat: »Die Wirkung von Genen – oder der von ihnen gebildeten Proteine – hängt oft von der Umgebung ab, in der sie sich befinden. Das Gen für das Protein Isomerase zum Beispiel kommt in Bakterien, Insekten und Wirbeltieren vor. Das gleiche Protein ist bei der Fruchtfliege an der Bildung von Sehpigmenten beteiligt, bei Mäusen jedoch an der Reifung des Immunsystems. Dieses Gen hat also in verschiedenen Lebewesen – in verschiedenen Umgebungen – unterschiedliche Funktionen. Oder umgekehrt: Die Umgebung beeinflusst die Wirkung eines Gens. Die mit Hilfe der Gentechnik mögliche Transplantation von Genen kann deshalb unvorhergesehene Konsequenzen haben. Ein versetztes oder ›ver-rücktes‹ Gen kann geregelte Nachbarschaftsbeziehungen zwischen Genen oder komplexe Wechselbeziehungen stören. Daher sind auch die damit verbundenen Konsequenzen und Risiken prinzipiell nicht vorhersehbar; man kann nie im voraus wissen, was ›ver-rückte‹ Gene bewirken.«

Die zwei Begegnungen werden für mich zu Schlüsselerlebnissen. Ich lese alle Studien der beiden Wissenschaftlerinnen; nach der Lektüre sind die Seiten vor lauter Markierungen gelb eingefärbt. In diesen Anfangsjahren der Gentechauseinandersetzung kommt es mir oft so vor, als bestünde meine Aufgabe darin, das, was ich von Regine Kollek und Beatrix Tappeser gehört und gelesen habe, in die Schweizer Diskussion einzubringen.

Brüssel, 1991. Drei Jahre nach unserer ersten Begegnung treffe ich Beatrix Tappeser auf einer Tagung in Brüssel. Wir sind in einem alten Jugendstilhaus, das heute als Tagungsort und Koordinationszentrum dient. Das Sofa ist durchgesessen, aber bequem; im Garten draussen blühen zwei Forsythien. Beatrix Tappeser erzählt mir, sie habe gerade ein Gutachten geschrieben zum ersten grossen deutschen Freisetzungsexperiment. 1990 wurden in der Nähe von Köln 70 000 genveränderte Petunien freigesetzt. Es waren weissblühende Petunien, die dank einem eingeschleusten Maisgen rot blühen sollten. »Im Gewächshaus haben die gentechnisch veränderten Petunien alle rot geblüht, wie geplant. Aber rate mal, was auf dem Feld geschah!« fordert sie mich auf und fährt, ohne auf meine Antwort zu warten, fort: »Manche Petunien hatten rote Blüten, andere blühten weiss, rosa oder weiss- und rotgescheckt. Oft waren an ein und derselben Pflanze sogar Blüten mit verschiedenen Farben. Und Pflanzen, die im Gewächshaus rot geblüht hatten, veränderten sich in der Natur und trieben plötzlich weisse Blüten. Offensichtlich wurden die genmanipulierten Petunien von der Umwelt – also von Sonne, Regen oder Bodenbeschaffenheit – stark beeinflusst. Das hatten die Forscher nicht erwartet.«

Ich versuche mir das riesige Feld buntblühender Petunien vorzustellen. Beatrix Tappeser erzählt, dass die genmanipulierten Petunien auch ganz neue, von der Farbprägung unabhängige Eigenschaften aufwiesen. Sie hatten mehr Blätter pro Pflanze und waren gegenüber krankheitserregenden Pilzen resistenter als unmanipulierte. Dafür zeigten sie eine geringere Fruchtbarkeit. Das sind für Pflanzen fundamentale Eigenschaftsänderungen – und es gibt keine Erklärung dafür. Sicher ist nur, dass sie nicht auf das Hinzufügen eines Farbstoffgens aus einer Maispflanze zurückgeführt werden können. Beatrix Tappeser sagt: »Offensichtlich greift das fremde Gen in Regulationsmechanismen der Petunie ein, von denen wir viele nicht einmal kennen. Der Einsatz von Gentechnik ist ein blindes Herumstochern. Die Pflanzen entwickeln sich überhaupt nicht wie erwartet.«

Nach der Tagung spazieren wir gemeinsam zum Bahnhof, über die fabelhafte Grand' Place mit ihren filigranen Zunfthäusern. Die ersten Strassenlaternen gehen an.

In den nächsten Jahren verfassen Beatrix Tappeser und ihr Team am Öko-Institut Freiburg i.Br. viele weitere Risikogutachten, zu genmanipulierten Kartoffeln etwa oder zu gentechnisch verändertem Mais. Die Problematik ist immer die gleiche: Die Risiken sind nicht berechenbar; schon das Einschleusen von Genen erfolgt nach dem Zufallsprinzip. Man weiss weder, wie viele Kopien des Fremdgens sich im Erbgut integrieren, noch ist bekannt, wo überall sie sich befinden. »Ver-rückte« Gene können zu unvorhersehbaren Eigenschaftsänderungen führen. Wenn aber alle Sicherheitsmassnahmen von den unzutreffenden Grundüberlegungen des Gendogmas ausgehen, dann täuschen sie eine falsche Sicherheit vor. Beatrix Tappeser weist bei jedem Beispiel akribisch nach, wo sich die Wissenslücken und Unwägbarkeiten befinden und welches die Risiken sind. Als in der Schweiz zum erstenmal genmanipulierte Kartoffeln in die Natur freigesetzt werden, hilft sie mir bei der Erstellung eines Risikoberichts.

Auch Regine Kollek begegne ich in den nächsten Jahren immer wieder. Ihre Themen sind die Medizin und die Humangenetik. Das Gendogma ist ebenfalls weit verbreitet, und sein Einfluss nimmt ständig zu. Der Grund liegt darin, dass ganz bestimmte Krankheiten tatsächlich durch ein einziges defektes Gen verursacht werden. Die Bluterkrankheit ist ein Beispiel dafür. Inzwischen konnten rund 3000 solche Erbkrankheiten auf ihre genetische Basis zurückverfolgt werden. Regine Kollek schreibt: »Ausgehend von monogenetischen Erkrankungen werden immer mehr Krankheiten als genetisch bedingt oder durch genetische Faktoren beeinflusst beschrieben. Sie werden immer weniger als Reaktionen auf gestörte physische oder psychische Gleichgewichte gesehen, sondern als genetische Programmierungsfehler.« Obwohl die meisten monogenetischen Erbkrankheiten extrem selten sind, wurden sie als Modell herangezogen, das dann auf komplexere Krankheiten wie Krebs oder Bluthochdruck und selbst auf menschliches Verhalten übertragen wurde.

In wissenschaftlichen Journalen lese ich fast wöchentlich Meldungen zu solchen »genetischen Programmierfehlern«.

Man habe eine Genveränderung gefunden, die Brustkrebs verursache, heisst es etwa, oder eine, die für aggressives Verhalten verantwortlich sei. Auch Schizophrenie, Fettsucht, Homosexualität, Alkoholismus, Lernbehinderung oder Treue in der Ehe seien genetisch bedingt. Es wird suggeriert, dass wir durch unsere Gene determiniert sind. Das Bild, dass der Mensch quasi eine Marionette seiner Gene ist, verfestigt sich, auch wenn sich im nachhinein viele dieser Meldungen als falsch oder nicht reproduzierbar erweisen.

Trotz der grossen Versprechen sind in der genetischen Medizin relativ wenige Fortschritte bei der Behandlung oder Heilung von Menschen zu sehen – gemessen an den investierten Forschungsmitteln. Eine Erklärung dafür ist, dass alle wichtigen Zivilisationskrankheiten durch eine Vielzahl von Genen verursacht werden, zusammen mit Umwelt- und anderen Einflüssen. Bei Bluthochdruck beispielsweise sind einige Hundert Gene im Spiel, und vom Brustkrebs wissen wir, dass weniger als fünf Prozent aller Erkrankungen gravierend durch erbliche Faktoren beeinflusst sind. Bei allen anderen, also bei über 95 Prozent, spielen viele unterschiedliche Faktoren – Umwelt, Ernährung oder »Lifestyle« – eine Rolle.

»Die Schlussfolgerung daraus«, sagt Regine Kollek, »kann für mich nur lauten, dass der Einfluss der Gene auf die Entstehung von Krankheiten zumeist überschätzt wird. Das Gendogma gilt allenfalls für monogen bedingte Erkrankungen – selbst dort ist es komplizierter –, nicht aber für komplexere Krankheiten, menschliches Verhalten oder gar Intelligenz. Eine solche ›Genetifizierung‹ der Medizin birgt nicht nur die Gefahr in sich, dass die Ursachen für die

Entstehung von Krankheiten an der falschen Stelle gesucht werden, sondern auch, dass bei der Fokussierung auf genetische Faktoren andere Einflussfaktoren unberücksichtigt bleiben und schliesslich der Mensch selbst in den Hintergrund rückt.«

Basel, Herbst 2001. Ich habe die beiden miteinander befreundeten Wissenschaftlerinnen nach Basel eingeladen; wir besuchen das Beyeler-Museum und sitzen später zu dritt im Café des Museumsgartens. Neben uns, auf dem Rasen, steht ein grosses Mobile von Alexander Calder. Die an Drähten befestigten schwarzen Metallscheiben bewegen sich leise im Wind. Trotz ihrer Grösse wirkt die Skulptur leicht, in einem fragilen Gleichgewicht, fast schwebend.

Im Februar dieses Jahres ist die Entschlüsselung aller menschlichen Gene verkündet worden, ein Meilenstein in der Geschichte der Gentechnik. Das Resultat jedoch fiel ganz anders aus als erwartet: Das menschliche Erbgut enthält nur 30 000 bis 40 000 Gene; die Forschung war von mehr als 100 000 Genen ausgegangen.

Auf meine Frage, was sie davon halte, sagt Beatrix Tappeser: »Zuerst einmal war man in der Wissenschaftswelt ernüchtert, dass der Mensch im Grunde genommen nicht so furchtbar viel mehr Gene hat als ein Fadenwurm. Das Erbgut der Zwiebel ist sogar fast sechsmal so gross wie dasjenige des Menschen. Das zeigt noch einmal ganz klar, dass die ganze Komplexität des Menschen – wie die des Fadenwurms und der Zwiebel – nicht unmittelbar durch die Gene determiniert sein kann. Die Entschlüsselung des Humangenoms macht deutlich, wie naiv die Vorstellungen über die Funktion von Genen bisher waren. Dass ein einzelnes Gen an der Herstellung von Dutzenden und manchmal sogar Hunderten von Proteinen mitbeteiligt sein kann, wussten wir allerdings schon seit langem.«

Regine Kollek gibt zusätzlich zu bedenken, dass den dreissig- bis vierzigtausend Genen und den hunderttausend Proteinen des Menschen hundert Milliarden Nervenzellen gegenüberstünden, die wiederum hundert Billiarden Synapsen bildeten, also Verschaltungen, über die sie untereinander Signale austauschten. Es sei an der Zeit, sagt sie, endlich zu begreifen, dass es nicht nur auf die Gene selbst ankomme, sondern vor allem auf das geregelte Abrufen ihrer Informationen. Dabei spielten nicht nur andere Gene und Umweltfaktoren eine Rolle, sondern auch epigenetische Mechanismen.

Epigenetik? »Epi« heisst soviel wie »darüber«, Epigenetik ist demnach ein System, das sich »über den Genen« befindet. Es ist ein übergeordnetes Informationssystem, mit dessen Hilfe die Zelle die Aktivität ihrer Gene reguliert – oder dirigiert. Ich habe das auch schon mit einem grossen Sinfonieorchester verglichen, das – zum Beispiel – die »Sinfonie der Tausend« von Gustav Mahler aufführt. Da bestimmt der Dirigent die Einsätze der Bläser, der Streicherinnen und der Paukenspieler; er gestaltet das Zusammenspiel, gewichtet die Lautstärke des Chors; er gibt das Tempo an. Es musizieren nicht alle gleichzeitig drauflos, oder nur ganz selten. Übertragen auf die molekulare Ebene bedeutet dies: Mit ganz wenigen Ausnahmen enthält jede einzelne menschliche Zelle alle 30 000 bis 40 000 Gene. In unserem Beispiel der Sinfonie würde die Zelle dem Orchester und dem Dirigenten entsprechen. So wie dort nicht alle Musiker gleichzeitig spielen, sind in der Zelle nie alle Gene in Funktion. Welche Gene aktiv und welche stillgelegt sind, hängt von der Aufgabe und vom Entwicklungszustand der Zelle ab. Bei einer Muskelzelle sind andere Gene aktiv als bei einer Nervenzelle; während der Entwicklung werden fortlaufend Gene aktiviert und andere stillgelegt. Die Zelle dirigiert also die Einsätze der Gene, mit Hilfe der Epigenetik gestaltet sie deren Zusammenspiel und bestimmt, wann welche Gene aktiv sind und wann nicht. Wie beim Orchester haben wir es mit einem höchst dynamischen Geschehen zu tun, einem aktiven, fliessenden Zusammenspiel zwischen der Zelle und ihren Genen.

Doch ich weiss auch, dass das Bild des Sinfonieorchesters zu einfach ist: Über dem Orchester steht nur der Dirigent. Über den Genen ist das epigenetische System, das die Genaktivitäten reguliert. Doch was kontrolliert das epigenetische System? Über die Regulation auf Ebenen oberhalb epigenetischer Prozesse ist noch sehr wenig bekannt, die Epigenetik selbst wird heute breit erforscht, und es gibt inzwischen interessante Erkenntnisse.

Das epigenetische System besteht aus verschiedenen Molekülgruppen; es sind dies Proteine oder auch kleine Botenstoffe der DNA. Sie alle regulieren die Aktivitäten der Gene. Einige Moleküle docken sich an Gene an und blockieren sie so. Andere können blockierte Gene wieder aktivieren. Es gibt sogar Moleküle, die die Gene auseinanderschneiden und neu kombinieren. Auf diese Art entstehen aus einem einzigen Gen viele Proteine – ähnlich wie sich aus dem Wort ERBGUT die Wörter GEBURT und BETRUG kombinieren lassen. Beim Huhn zum Beispiel gibt es im Innenohr Zellen, die ein Gen enthalten, das 576 verschiedene Proteine produzieren kann. Ein Gen der Fruchtfliege kann sogar bis zu 38 000 verschiedene Proteinvarianten erzeugen.

Eben verschwindet die Sonne; die bereits gelbgefärbten Blätter der zwei grossen Birken neben der Calder-Skulptur verlieren allmählich an Glanz. Beatrix Tappeser sagt: »Die Epigenetik spielt natürlich auch bei Pflanzen eine wichtige Rolle. So wurde immer wieder beobachtet, dass genmanipulierte Pflanzen die gewünschten Eigenschaften wieder verlieren. Pflanzen können offenbar mit Hilfe des epigenetischen Systems fremde Gene im Erbgut einfach stillegen. So wehren sie sich zum Beispiel gegen Virengene. Und etwas Ähnliches passierte auch bei den Petunien. Nachträglich fand man heraus, dass die gentechnisch veränderten Pflanzen die fremden Maisgene einfach blockiert hatten. Sie haben deshalb weiss oder rosa oder gescheckt geblüht, nicht aber rot, wie es geplant war. Eine Forschungsgruppe hat spezielle Moleküle des epigenetischen Systems gefunden, welche die fremden Maisgene ausgeschaltet haben.«

Ich lenke das Gespräch auf ein anderes Thema, das mich stark beschäftigt. Die Entschlüsselung des menschlichen Erbguts hat so klar wie nie zuvor gezeigt, dass das Gendogma überholt ist. Kurz nach der Bekanntgabe der Resultate meinten einige wissenschaftliche Kommentatoren und Forscherinnen, nun sei ein Paradigmawechsel, nun sei eine neue Forschungsagenda erforderlich. Doch bereits drei Monate danach ist kaum mehr etwas davon zu hören, schon wieder lesen wir in der Presse, dass unsere genetische Ausstattung uns wesentlich bestimme, wie eh und je. Eine Werbeanzeige, auf die ich letzthin gestossen bin, bringt es auf den Punkt: Da schlängelt sich eine prometheische Figur in der doppelt gewundenen DNA gen Himmel. Die DNA – mit allen Genen – dient als Leiter zwischen Erde und Himmel; sie verheisst ewiges Leben, Gesundheit und Wohlstand. Gleichzeitig bildet die DNA eine Art Käfig um die Figur und schliesst sie vollständig in ihre Herrschaft ein.

Ich sage, das Inserat versinnbildliche für mich die kulturelle Macht der Gene, die weit über die Wissenschaft hinausrage – immer noch, trotz all der gegenteiligen wissenschaftlichen Befunde. Es entspinnt sich eine lebhafte Diskussion darüber, warum sich der Glaube an die fast mystische Allmacht der Gene so hartnäckig hält. Dass das Gendogma nicht so bald überwunden sein wird, darin sind wir uns einig.

Herbst 2003. Im Wissenschaftsjournal »New Scientist« erscheint ein Artikel mit dem provokativen Titel »Du bist, was deine Mutter isst«. Die Diät von Schwangeren kann sich direkt auf die Gene der Embryonen auswirken, heisst es darin. Gene können also nicht nur vom Zellgeschehen beeinflusst werden, sondern ebenso von der Umwelt – eine erstaunliche Meldung.

Das Foto zum Text zeigt eine muntere Schar kleiner Mäuse, die sich in einem Käfig tummeln. Einige Mäusejungen sind von sehr heller Farbe, von gelb bis ockergelb; andere hingegen haben ein tiefdunkelbraunes Fell. Die Mütter der gelben Mäusejungen erhielten während der Tragzeit eine normale Kost; die Mütter der dunkelbraunen hingegen bekamen eine Zusatzdiät von Folsäure und Vitamin B12. Je nachdem, was sie gefressen hatten, gebaren die Mäusemütter Junge mit hellem oder dunklem Fell. Die Diät wirkte sich direkt auf die Gene und die Vererbung aus; Umwelteinflüsse können sich also auch auf die Vererbung auswirken.

Anfang des 19. Jahrhunderts hatte der französischen Biologe Jean-Baptiste Lamarck behauptet, erworbene Eigenschaften könnten auf die Nachkommen weitervererbt werden. Das führe zu immer neuen Arten. Das klassische Beispiel: Ein Säugetier, das sich vorwiegend von Blättern hoher Bäume ernährt hatte, musste seinen Hals immerzu strecken. Daraus entstand die Giraffe.

Während meiner Studienzeit galt Lamarck als typisches Beispiel eines wissenschaftlichen Irrwegs. Einzig die Gene, und nicht etwa äussere Einflüsse, seien für die Vererbung massgeblich. Doch das Mäuseexperiment zeigt, dass sich ein Umwelteinfluss, dem ein Lebewesen im Laufe seiner Entwicklung ausgesetzt ist, im Erbmaterial des Nachwuchses niederschlagen kann. Lamarcks These scheint sich teilweise zu bestätigen.

Die Forschergruppe aus den USA vermutet, dass die Zusatzdiät der trächtigen Mäusemütter ein bestimmtes Gen im Erbgut der Embryonen stillgelegt habe, das sogenannte Agouti-Gen. Dieses Gen ist für die Fellfarbe mitverantwortlich. Embryonen mit dem »abgeschalteten« Agouti-Gen entwickelten sich meistens zu dunkelbraunen Mäusen. Die Diät führte aber nicht nur zu einer äusserlichen Veränderung. Es stellte sich heraus, dass die meisten dunkelbraunen Mäusejungen schlank und gesund, die gelben hingegen dick und anfällig für Diabetes waren.

Daraus muss geschlossen werden, dass das Agouti-Gen verschiedene Funktionen hat. Es ist nicht nur für die Fellfarbe entscheidend, sondern beeinflusst auch die Veranlagung zu Fettsucht und Diabetes – und, wie sich in weiteren Untersuchungen zeigte, auch zu Krebs.

Auf der epigenetischen Ebene findet also eine Vermittlung zwischen den Genen und der Umwelt statt. Sie ermöglicht, dass sich Zellen und Organismen dynamisch an Änderungen in der Umwelt anpassen können. Wie dies geschieht, darüber herrscht noch grosse Unklarheit.

Bei einem Telefonat mit Regine Kollek kommen wir auf die gelben und dunkelbraunen Mäusejungen zu sprechen. »Dieses Experiment könnte auch in einer weiteren Hinsicht sehr wichtig sein«, sagt sie, »es erklärt vielleicht, weshalb das Klonen von Säugetieren so schlecht funktioniert. Auch beim Klonen spielen epigenetische Effekte vermutlich eine Rolle. Das Klonen erfordert einen massiven Eingriff in eine Eizelle; ihr eigener Zellkern wird entfernt und durch einen anderen ersetzt. Solche Eingriffe können sich auf epigenetische Regulationsmechanismen auswirken und die Embryonalentwicklung nachhaltig beeinflussen. Dies könnte der Grund dafür sein, dass geklonte Schweine, Schafe oder Kälber in den allermeisten Fällen krank und verkrüppelt sind und häufig schon vor der Geburt absterben.«

Freiburg i.Br., Sommer 2004. Wir sitzen zu dritt am Küchentisch bei Beatrix Tappeser zu Hause; es ist früher Nachmittag, und am Abend werden wir ein grosses Fest feiern: ihren 50. Geburtstag. Sie hat vor kurzem vom Öko-Institut in Freiburg i.Br. zu einer Bundesbehörde, dem Bundesamt für

Naturschutz in Bonn, gewechselt. Dort leitet sie die Stabsstelle Gentechnik. Regine Kollek lehrt inzwischen Technikbewertung in der Medizin an der Universität Hamburg. Im Jahr 2000 war sie zur stellvertretenden Vorsitzenden des deutschen Nationalen Ethikrates gewählt worden.

Vielleicht ist es der Ort – hier habe ich Beatrix Tappeser vor mehr als 15 Jahren das erste Mal getroffen –, vielleicht ist es der Geburtstag: Mir ist danach, ein wenig zu »klönen«, und ich erzähle, wie ich kürzlich bei einer Veranstaltung einem Industrievertreter gegenüberstand, der immer noch vom Depressionsgen und Brustkrebsgen gesprochen habe und von den grossen Hoffnungen, dank Gentechnik solche Krankheiten dereinst heilen und mit genmanipulierten Pflanzen den Hunger bekämpfen zu können – und wie ich mich zusammenreissen musste. Nicht schon wieder! Die gleichen Heilsversprechungen wie vor zehn Jahren! Hört das denn nie auf?

»Allenfalls sollten wir uns etwas zurückziehen und uns mit spannenderen Themen befassen«, sagt Beatrix Tappeser, und fügt lachend hinzu: »Jetzt sollen die Jüngeren aufs Podium und ihre Erfahrungen machen.« – »Vielleicht«, antworte ich. »Tatsache ist, dass ich hin- und hergerissen werde. Manchmal fühle ich mich wie im falschen Film, dann kribbelt es mich wieder bis in die Fingerspitzen, und ich finde die Auseinandersetzung hochspannend. Diese Wechselbäder sind es, glaube ich, die immer so anstrengend sind.«

Beatrix Tappeser schiebt einen Apfelkuchen in den Backofen und sagt, an den Tisch zurückkehrend: »Besonders stark ist das Gendogma noch bei den Pflanzen

– und dort funktioniert es teilweise ja auch. Heute werden weltweit riesige Flächen mit genmanipulierten Pflanzen angebaut. Die gentechnisch veränderten Pflanzen haben aber nur zwei Eigenschaften: Entweder sie ertragen Unkrautvertilger gut, oder sie sind gegen Insekten resistent. Diese zwei Eigenschaften machen fast hundert Prozent des weltweiten Anbaus aus. Anderes gibt es kaum, obwohl seit fünfzehn Jahren intensiv daran geforscht wird und obwohl die Industrie alles Interesse daran hätte, endlich mit etwas Besserem auf den Markt zu kommen. Der Grund liegt wohl darin, dass diese beiden Genmanipulationen den Gesamtstoffwechsel der Pflanze kaum beeinflussen; sie funktionieren quasi ausserhalb des Ganzen. Doch die allermeisten Genmanipulationen greifen in andere Stoffwechselvorgänge ein; sie stören oder verletzen fragile epigenetische Netze. Es funktioniert also auch bei Pflanzen nicht einfach nach dem Motto: Gen rein – Problem gelöst. Das haben wir schon bei den Petunien vor vierzehn Jahren gesehen.«

Ihre Ausführungen bestätigen, was meine Recherchen zu dem, was die moderne Biologie heute über das Wesen der Pflanze weiss, bisher ergeben haben. Mich fasziniert die unglaubliche Fähigkeit von Pflanzen, sich an die Umgebung anzupassen, und auch, dass Pflanzen offenbar eine Art Erinnerungsvermögen haben und in gewissem Sinne sogar als »intelligent« bezeichnet werden können. Ich schildere Beatrix Tappeser und Regine Kollek, was ich diesbezüglich an Beispielen gefunden habe, und berichte auch von Studien, die zeigen, dass das Erbgut von Pflanzen noch empfindlicher auf Umwelteinflüsse reagiert als jenes von Säugetieren. Manche Forscherinnen und Forscher würden daher von einem »fluid genome« sprechen, einem flüssigen Erbgut. Ihrer Meinung nach sei das pflanzliche Erbgut nichts Statisches; es ist immer im Fluss und passt sich kontinuierlich an eine sich ständig verändernde Umgebung an. Dies geschieht allerdings nicht beliebig schnell, sondern spielt sich innerhalb von Grenzen ab, die recht stabil zu sein scheinen. »Mich hätte natürlich brennend interessiert«, sage ich abschliessend, »wie die kurzfristigen Anpassungsleistungen der Pflanze und die dazu notwendigen Änderungen im Erbgut zusammenhängen. Das wussten jedoch auch die von mir befragten Pflanzenexperten nicht.«

Sie kenne sich zwar bei Pflanzen nicht aus, sagt Regine Kollek, aber bei Säugetieren gebe es inzwischen eine Reihe von Untersuchungen über epigenetische Mechanismen, die nahelegten, dass Umwelt und Gene miteinander in Wechselwirkung stünden und sich Umwelteinflüsse direkt auf Gene auswirken könnten, wie beispielsweise bei den gelben und dunkelbraunen Mäusen. Sie finde das spannend und freue sich, dass sich mittlerweile verschiedene Forschungsgruppen mit solchen Themen auseinandersetzten.

Auch an der Basler Universität wird zur Zeit diskutiert, ob ein Schwerpunkt »Systembiologie« eingerichtet werden soll, und ich frage Regine Kollek, was davon zu halten sei. »Heute ist eigentlich unbestritten, dass nicht die Gene die Lebensprozesse steuern. Sie sind im Grunde genommen nur Zulieferer biochemischer Substanzen, welche die Zelle in ihrem jeweiligen Entwicklungsstadium oder funktionellen Zustand braucht. Das ist eine völlige Umkehrung der Hierarchie. Die Gene sind wichtig für die Herstellung von Proteinen, doch eigentlich sind sie Moleküle wie alle anderen auch. Sie werden von der Zelle aktiviert, wenn ihre Produkte benötigt werden.«

Das Bild des Sinfonieorchesters taucht wieder vor mir auf. Vielleicht sollten wir einen Schritt weiter gehen: Ein Gen ist im Bild des Orchesters nicht eine Sängerin oder ein Trompeter; ein Gen ist vielmehr eine Note auf dem Notenblatt, das vor jedem Spieler und jeder Musikerin liegt.

Doch eine Note allein, zum Beispiel das »a«, gibt nur eine Tonhöhe an, sonst nichts. Erst wenn Noten in einer bestimmten Reihenfolge miteinander verknüpft werden, erkennen wir die Melodie. Von der einfachen Melodie bis zur »Sinfonie der Tausend« von Gustav Mahler ist es nochmals ein Riesenschritt: Harmonien und Kontrapunkte kommen hinzu, die Komplexität wächst exponentiell, gegenseitige Abhängigkeiten entstehen; es bildet sich ein gigantisches, dynamisches, hochkomplexes Ganzes. Dieses kann mit Noten festgehalten werden. Wer aber nur die Note »a« als »a« erkennt, hat damit die Mahler-Sinfonie noch lange nicht begriffen. Übertragen auf die Genetik heisst dies: Wer nur das sogenannte »Brustkrebsgen« kennt, hat damit die Ursachen der Erkrankung noch lange nicht verstanden.

Doch dieses Bild, so wird mir schnell bewusst, ist zu einfach. Bei Genen und Zellen kommen ständig Veränderungen, Anpassungen an die Umgebung, »Improvisationen« dazu; Mahlers »Sinfonie der Tausend« hingegen gibt es als fertige Komposition.

Regine Kollek unterbricht mein Gedankenspiel und sagt, dass auch Epigenetik nicht ausreiche, um Lebensprozesse zu verstehen, darüber hinaus gebe es weitere Regulationsebenen. »Weder Gene noch epigenetische Mechanismen determinieren das Geschehen; sie stehen eher im Dienst der Dynamik des gesamten Systems. Zellen und Lebewesen sind komplexe, interaktive, sich entwickelnde und selbst organisierende Systeme.«

Die Backuhr klingelt. Beatrix Tappeser nimmt den Topflappen und holt den Apfelkuchen, dessen Duft uns schon eine Weile betört hat, aus dem Ofen. Sie schneidet ihn auf und schiebt jeder von uns ein Stück auf den Teller. Er schmeckt wunderbar.

Hans-Peter Dürr, Quantenphysiker aus München

Die nicht fangbaren Fische

Zu Beginn des 20. Jahrhunderts hat die Quantenphysik die Physik revolutioniert, aber auch die Naturwissenschaften in ihrer Gesamtheit. Dies, weil sie deutlich gemacht hat, dass wissenschaftliche Erkenntnis grundsätzlich begrenzt ist. Bis dahin wurden die Grenzen wissenschaftlicher Erkenntnis nur als ein angenommenes »Noch-nicht-Wissen« aufgefasst, das sich mit der Zeit vermindern liesse, ein Glaube, der – trotz Quantenphysik – auch heute noch weit verbreitet ist.

Beginnen wir mit einer Parabel: Ein Ichthyologe – also ein Fischkundiger – betreibt Fischfang mit einem Netz von fünf Zentimetern Maschenweite. Seine wissenschaftliche Arbeit besteht darin, jeden einzelnen gefangenen Fisch zu vermessen. Nach unzähligen Versuchen postuliert er als wissenschaftliches Gesetz: Alle Fische sind grösser als fünf Zentimeter. Sein Gesetz ist unanfechtbar, weil es jederzeit reproduziert werden kann. Trotzdem regt sich Widerspruch, und ein Metaphysiker sagt zu ihm: »Das Gesetz stimmt nicht. Das Universum des Meeres umfasst bedeutend mehr Fische, weil all jene hinzukommen, die durch dein Netz geschlüpft sind.« Darauf entgegnet der Ichthyologe: »Doch, das Gesetz stimmt. Was ich nicht fangen kann, ist kein Fisch. Es ist kein Objekt von der Art, wie der Fisch in der Fischkunde definiert wird.« Natürlich besteht zwischen den beiden Behauptungen kein prinzipieller Widerspruch, die beiden Wissenschaftler urteilen nur von unterschiedlichen Standpunkten aus. Die Welt des Ichthyologen ist präzise und messbar, diejenige des Metaphysikers hingegen voller Unsicherheiten und vager Spekulationen.

Diese Parabel wird vom Quantenphysiker Hans-Peter Dürr oft zitiert. Sie veranschaulicht seine Grundthese, die Naturwissenschaften könnten zwar immer raffiniertere Netze zur Erfassung der Wirklichkeit entwickeln, doch würden sie diese nie vollständig erklären können, weil jede Beobachtung und jede wissenschaftliche Aussage durch Messmethoden und unsere analytische Art zu denken begrenzt ist.

Hans-Peter Dürrs These steht den euphorischen Erwartungen des 19. Jahrhunderts, dass alles in der Welt wissenschaftlich erfassbar sei, prinzipiell entgegen. Die klassische Naturwissenschaft postulierte, dass es eine vom Betrachter unabhängige und objektivierbare Welt von Gegenständen gebe, die immer gleich bleibe und die exakt erforscht und berechnet werden könne. Dies entspricht der Welt des Ichthyologen, in der alle Fische immer grösser als fünf Zentimeter sind.

»Die moderne Physik hingegen«, sagt Hans-Peter Dürr, »hat wieder Raum geschaffen für die uns allen nachvollziehbare Vorstellung, dass unsere ursprüngliche, unmittelbar erlebte Erfahrung viel reicher ist als die Erfahrung, die sich wissenschaftlich fundieren lässt. Viele für uns wichtige Erlebnisse, zum Beispiel auf religiösem oder künstlerischem Gebiet, können weder mit der Naturwissenschaft konfrontiert werden noch zu dieser in Widerspruch geraten – sie beziehen sich auf Fische, die man nicht fangen kann. Sie beziehen sich nicht auf exaktes, objektivierbares Wissen nach den Normen der Naturwissenschaften.«

Der Bruch mit der klassischen Physik geschah, als es zu Beginn des 20. Jahrhunderts möglich wurde, mit Teilchen, die kleiner als die Atome sind, zu experimentieren. Dabei ergab sich ein in der Wissenschaft bis dahin einmaliges Paradox: Es stellte sich heraus, dass der Ort, an dem sich ein Elementarteilchen befindet, und der Impuls, mit dem es sich bewegt, nicht gleichzeitig exakt gemessen werden können. Je genauer die Ortsbestimmung, desto ungenauer die Bestimmung des Impulses – und umgekehrt. Ein Grund dafür ist, dass der Experimentator die Elementarteilchen, die er untersucht, mit seinen eigenen Messungen mitbeeinflusst. Werner Heisenberg, einer der Pioniere der Quantenphysik, beschrieb als erster die Gesetzmässigkeit dieses Phänomens. Die nach ihm benannte Heisenbergsche Unschärferelation wurde zu einer der Grundlagen der Quantenphysik.

Werner Heisenberg holte den jungen Hans-Peter Dürr 1958 als Assistenten an das Max-Planck-Institut in München. Es war der Beginn einer fast zwanzigjährigen Zusammenarbeit. Nach der Emeritierung Werner Heisenbergs um 1970 übernahm Hans-Peter Dürr mit anderen Kollegen die Leitung des Werner-Heisenberg-Instituts und führte diese Abteilung des Max-Planck-Instituts für Physik und Astrophysik während acht Jahren. Danach begann er als Publizist die Erkenntnisse der Quantenphysik auf Naturwissenschaften, Gesellschaft und Erziehung zu übertragen. 1987 wurde er mit dem Alternativen Nobelpreis ausgezeichnet.

Im Frühjahr 2004 erhalte ich die Gelegenheit, Hans-Peter Dürr vor einem Vortrag an der Universität Bern für ein Interview zu treffen. Was mich interessiert, ist die Frage, welche Konsequenzen sich aus der Quantenphysik für die Biologie und das Verständnis der Lebensprozesse ergeben.

Wir sitzen in einem Seminarraum der Universität an einem kleinen Tisch, Hans-Peter Dürr rückt seine altmodische Brille zurecht und sagt: »Um Ihre Frage zu beantworten, ist es notwendig, zuvor einige grundsätzliche Sachverhalte darzustellen. Die moderne Physik begann mit einer überraschenden Entdeckung: Materie ist nicht aus Materie aufgebaut. Wenn wir Materie immer weiter teilen, bleibt am Ende nichts übrig, was an sie erinnert. Zuerst gelangen wir zum Atom, und dieses galt lange Zeit als kleinstes Teilchen, als reine Materie. Als man aber ins Atom hineinguckte, sah man wieder ›Struktur‹, also ging man nochmals ein Niveau tiefer und stellte fest, dass Elektronen und Atomkerne keine Materie mehr sind. Am Schluss ist also keine Materie mehr da, sondern nur noch etwas, das wir als ›Beziehung‹ bezeichnen können, als fundamental immaterielle Beziehung. Materie ist ein Phänomen, das erst bei einer gewissen vergröberten Betrachtung erscheint. Ihr zugrunde liegt aber etwas Immaterielles, nämlich Beziehung und als weiterer Aspekt Potentialität.«

»Immaterielles? Beziehungen? Potentialität? Das verstehe ich nicht.«

»Nehmen Sie die Parabel des Ichthyologen. Sie können sich Potentialität als das Flimmern im tiefen Ozean vorstellen, weit jenseits der Fangnetze. Potentialität kann ich nur annähernd beschreiben. Sie bleibt letztlich unverständlich.

Und dieses prinzipielle Wissen um das Nichtwissen bezüglich all jenem, das hinter den Netzen liegt, das Wissen um die Relativität und Potentialität der Wirklichkeit also, erfordert ein radikal neues Weltbild.«

»Sie sagen, alles sei relativ und potentiell. Das klingt, als wäre die Realität etwas sehr Unbestimmtes.«

»Nein, das ist sie nicht. Es gibt keine Beliebigkeit in der Natur. Wir wissen einiges über die kleinen Fische, auch wenn wir sie nicht fangen können. Sie werden einmal gross und können dann gefangen werden. Grosse Fische entstehen aus kleinen Fischen. Übertragen heisst das: Die Realität entsteht aus Potentialität und aus Beziehungen. Daraus folgt eine weitere bahnbrechende Erkenntnis, nämlich die, dass alles untrennbar mit allem zusammenhängt. Am Grunde der Wirklichkeit ist ein flimmernder, brodelnder Hintergrund, ein ständiges Werden und Vergehen, schiere Potentialität. Daraus entsteht Realität, daraus entsteht die Welt, die Welt als eine einzige Einheit. Und wenn alles mit allem zusammenhängt, bedeutet dies: Auch ich hänge mit allem zusammen. Es gibt kein abgetrenntes, objektives ›Draussen‹. Jeder Teil bezieht zu jeder Zeit Bedeutung aus dem Ganzen. Zudem heisst Potentialität, dass alles offen ist. Die Zukunft ist prinzipiell offen. Wir können nur sagen: Das und das passiert mit einer gewissen Wahrscheinlichkeit. Diese Unbestimmtheit ist mathematisch präzise formulierbar.«

»Ist dies nicht ein Widerspruch in sich?«

»Das mag einem so vorkommen, aber der Quantenphysik ist der mathematische Nachweis gelungen, dass die Grundlage der Wirklichkeit Potentialität ist. Erst danach entsteht

Materie. Wir haben also eine Umkehrung der Prioritäten: ›Beziehung gebiert Materie‹ und nicht ›Materie ermöglicht Beziehung‹. Materie formt sich aus dem brodelnden Untergrund wie die Haut in der kochenden Milch. Die geronnene Haut ist nicht schon von Anfang an in der Milch vorhanden, sie bildet sich erst im Prozess des Kochens. So bildet sich auch Materie aus dem brodelnden Untergrund heraus; sie entsteht erst im nachhinein, sie ist nicht schon von Anfang an vorhanden. Materie ist geronnene Beziehung. Der Untergrund beginnt sich zu differenzieren, es entsteht immer mehr Materie, es bilden sich halbdurchlässige Schranken und Strukturen. Wir sehen dies bei der Entwicklung des Lebendigen: Die befruchtete Eizelle beginnt sich zu teilen, sagen wir. Doch das ist ein falsches Bild. Die Zelle bildet halbdurchlässige Zellmembranen und differenziert sich auf diese Weise weiter und weiter, ohne wirkliche Trennung. So entstehen Lebewesen, durch einen Prozess der Differenzierung und des Sich-wieder-Zusammenschliessens. Da steht alles miteinander in Beziehung, da ›weiss‹ jeder Teil vom anderen.«

Mir ist, als erahnte ich manchmal, was Hans-Peter Dürr meint. Ich frage nochmals nach: »Von der Tiefe des Ozeans hinter dem Netz kann ich mir eine ungefähre Vorstellung machen. Doch Potentialität, Beziehung, Form – das ist sehr abstrakt, das kann ich immer noch nicht fassen.«

»Wir sind aber gewohnt, mit solchen abstrakten Begriffen umzugehen. Nehmen Sie eine Grammophonplatte mit der ›Matthäuspassion‹; die Musik sehen Sie nirgends auf der Platte, sie ist verschlüsselt in den Rillen gespeichert. Die Verwacklungsart der Rille enthält alle Informationen der ›Matthäuspassion‹. Diese werden in Schallwellen verwandelt und treffen auf mein Trommelfell. Dort werden sie in elektrische Signale umgesetzt, gelangen so in mein Gehirn und ›erreichen‹ mein Bewusstsein. Es entsteht wieder die Information, die ich als ›Matthäuspassion‹ erkenne. Während des ganzen Prozesses bleibt die Information unverändert, doch der materielle Träger ist immer wieder ein anderer.«

Die Information der ›Matthäuspassion‹, also das Immaterielle, bleibt sich gleich. Der Träger, also die Materie, ändert sich ständig. Dem kann ich folgen. Und doch fällt es mir schwer, die Grundlagen meines Lebens, die Grundlagen der Wirklichkeit schlechthin, als abstrakte Potentialität zu begreifen. Hans-Peter Dürr will mir gleich ins Wort fallen; er scheint sichtlich irritiert, dass ich so begriffsstutzig bin. »Ich selbst«, sage ich, »empfinde die Realität ganz anders und überhaupt nicht abstrakt. Ich kann auch nur die konkrete Realität, in der ich lebe, wahrnehmen.«

»Natürlich ist die Welt des Ichthyologen für unser Überleben wichtig. Die Fische werden gefangen, verkauft, und wir haben Nahrung. Niemand fragt nach nicht fangbaren Fischen; die Ökonomie legt prinzipiell keinen Wert auf Dinge, die man nicht fangen kann. Unser Denken und unsere Sprache sind gut an diese Welt angepasst: Wir denken fragmentiert. Wir denken immer in Gegensätzen und stellen ein Entweder-Oder her. Entweder ich esse den Fisch, oder ich lasse es bleiben. Es geht meistens gar nicht anders. Auch unser wissenschaftliches Denken ist immer fragmentierend und analysierend. Alles, was wir untersuchen und verstehen wollen, zerlegen wir. Es fällt uns extrem schwer, ein Sowohl-Als-auch zu denken. Unser Denken ist angepasst, um Fische zu fangen, nicht aber um – zum Beispiel – Atomphysik zu begreifen. In der Quantenphysik haben wir eine Sprache gefunden, die sich über das Entweder-Oder und das Richtig-oder-Falsch hinausbewegen kann. Wir können das Sowohl-Als-auch mathematisch berechnen. Doch leider ist unsere Vorstellungskraft zuwenig entwickelt, um uns auf dieser Basis ein Bild zu machen und es sprachlich präzise zu fixieren. Wir können uns diesem Sowohl-als-auch-Denken aber annähern. Ich habe so etwas wie eine Ahnung, bevor ich den Gedanken ausspreche, weiss aber nicht, was das Geahnte ist, und es verschwindet, wenn ich es in Worte fassen möchte – zu fassen bekomme ich es allenfalls mit einer Art assoziativem Denken, wie in einem Traum. Da spielen lose Gedankenverknüpfungen eine Rolle, oder auch Intuitionen.«

Es ist Zeit, auf meine anfängliche Problemstellung zurückzukommen, meinen Eindruck, die Lehren aus der Quantenphysik hätten in die Molekularbiologie noch kaum Eingang gefunden. Damit ist Hans-Peter Dürr einverstanden: »Da geraten wir wieder in die historische Falle eines Fundamentalismus, bei dem die prinzipiellen Grenzen der jeweiligen scharf formulierten Erkenntnisse ignoriert werden. Mir scheint, dass die Gentechnologie genau in diese Falle tappt. Und schauen Sie, das kann ja gar nicht funktionieren. Die Gene haben mehr etwas mit dem Radioapparat zu tun, der Musik empfängt, sie aber nicht selbst produziert. Im Hintergrund ist die eigentliche Information, also die Musik. Der Apparat empfängt bloss die elektromagnetischen Wellen und verwandelt sie in Schallwellen. Er ist für die Umwandlung verantwortlich, doch die Information ist vorher da. Das heisst, das, was eigentlich das Lebendige ausmacht, hat nichts mit den Genen zu tun. Die Gene sind eine Methode, wie ich diese andersartigen Signale in etwas Energetisch-Materielles übersetze. Sie sind eigentlich nur Träger für die Information, die Hardware. Das Lebendige ist immer dazwischen.«

»Was ist denn das Lebendige?«

»Das kann ich nicht beantworten. Wir können von der Quantenphysik auch lernen, dass es Bereiche gibt, über die wir grundsätzlich nicht reden können. Die Frage, was das Lebendige ist, oder Fragen nach dem Selbst oder nach der Unsterblichkeit – auf diese Fragen gibt es keine Antworten in unserer Sprache. Das ist so weit jenseits der naturwissenschaftlichen Fangnetze, dass es nicht erfassbar ist. Oder anders gesagt: Wir sind Teil eines Untersystems, und wir haben keine Übersicht über das Ganze, das können wir gar nicht, denn das Ganze ist mehr als die Summe seiner Teile. In diesem Zusammenhang ist für mich ganz entscheidend, was Werner Heisenberg nach der Entdeckung der Unschärferelation gesagt hatte: Jetzt endlich ist die Naturwissenschaft so, wie ich das Leben empfinde. Andere Wissenschaftler haben das ganz anders gesehen und gesagt: Jetzt ist uns der Weg, die Welt zu beherrschen, abgeschnitten worden.«

Hans-Peter Dürr schweigt eine Weile und erzählt dann von seiner langjährigen Zusammenarbeit mit Werner Heisenberg: »Da war die sprachliche Annäherung an das Sowohl-als-auch-Denken immer wichtig. Wir betrieben gemeinsam dieses schwebende Ahnen im Dialog. Es gab keine formale Sprache, sondern: Sprich einfach aus, was du empfindest. Also Fäden spinnen, erste Tastversuche machen. Das Thema in der Schwebe lassen, vielleicht einige Tage lang, und warten, bis Assoziationen langsam Gestalt annehmen, bis sich etwas Neues herauskristallisiert. – Der Geniale ist nicht unbedingt der Kreativste, sondern derjenige, der sich am besten sensibilisieren kann. Der Zustand der Sensibilisierung ist vom physikalischen Standpunkt aus der Zustand der Destabilisierung. Wie bei einem Pendel: Ein Pendel pendelt vorhersehbar unten in die Gleichgewichtslage. Aber es gibt eine zweite Gleichgewichtslage, ganz oben in der Senkrechten, und die ist instabil. Niemand weiss, ob das Pendel nach links oder nach rechts fällt, da geben winzige kleine Störungen den Ausschlag. Es ist der Zustand, in dem ich in jede Richtung kippen kann, weil ich für die kleinste Störung empfänglich bin. Der Zustand der höchsten Unsicherheit ist also derjenige der grössten Öffnung und des besten Empfangs. Wir lieben diese Situation nicht sehr, wir sagen: O Gott, da muss ich mich irgendwie festhalten. Doch sobald wir aus dieser Unsicherheit raus sind, sind wir nicht mehr empfangsbereit und fallen in gewohnte Denkstrukturen zurück. Im Zustand der Öffnung aber nehmen wir aus den Augenwinkeln – für einen Sekundenbruchteil – das Flimmern der kleinen Fische wahr, als Ahnung oder Intuition vielleicht. Dann tun sich am ehesten neue Verknüpfungen oder Einsichten auf.«

Drei Wochen nach dem Gespräch mit Hans-Peter Dürr stosse ich beim Blättern im Ausstellungskatalog des deutschen Malers Anselm Kiefer auf eine Stelle, an der es heisst: »Der Künstler stellt einen Zusammenhang dar, den sonst niemand herstellen kann. Er stiftet Sinn, indem er etwas Sinnloses macht. Doch indem ich der kosmischen Sinnlosigkeit etwas gleich- oder entgegensetze, schaffe ich natürlich Sinn. Aber es ist ein sinnloser Sinn, ein Schein-Sinn.« Das erinnert mich an Hans-Peter Dürr.

Das Werk Anselm Kiefers wird im Beyeler-Museum in der Nähe von Basel gezeigt. Die Bilder haben etwas Monumentales. Meine spontane Empfindung ist: Da versucht einer, die gigantischen Räume jenseits der Erkenntnisnetze auszuloten, Gegensätzliches und weit Auseinanderliegendes künstlerisch zu verknüpfen. Archaische Pyramiden aus Lehm und Stroh; monumentale Hallen, gespenstisch; Holzfaserungen eines Dachstocks, minutiös bis ins Detail; Himmelsleitern. Im nächsten Saal hängen drei Meter hohe Sonnenblumenbilder: Hinausgeschleuderte Sonnenblumenkerne werden zu Sternenhaufen in weiten Himmelsräumen, und kleine Ansammlungen von Kernen deuten darin wiederum rudimentäre Sonnenblumen an. Ich gehe weiter. Eines der letzten Bilder heisst »The secret life of plants« – ein monumentales Firmament, mit Milliarden von Sternen übersät, in dem weisse Linien fiktive Sternbilder anzeigen. In der Mitte des Bildes steckt eine mit Gips übergossene Pflanze, ihre Äste wachsen spinnenartig in den Himmelsraum hinaus. An den Spitzen hängen kleine, bleierne Hemden. Die Seelen der Pflanzen? Viele Sterne sind mit Nummern kartographiert; es sind Zahlenkombinationen, die von der NASA einmal zur Bezeichnung noch nicht entdeckter Sterne entwickelt wurden.

Alles ist mit allem verbunden; jedes Teilchen »weiss« von allen anderen; diese unendliche Vernetzung des ganzen

Kosmos – ein bedrängendes Gefühl. Dies könnte Hans-Peter Dürr mit seinen Ausführungen gemeint haben. Anselm Kiefer schreibt: »Die ganze Malerei, aber auch die Literatur und alles, was damit zusammenhängt, ist ja immer nur ein Herumgehen um etwas Unsagbares, um ein Schwarzes Loch oder um einen Krater, dessen Zentrum man nicht betreten kann.« Wie zur Bestätigung finde ich bei Hans-Peter Dürr das folgende Zitat: »Wenn man Kunst und Wissenschaft beschreibt, sieht man: Das ist praktisch das Gleiche. Man beschreibt das nur in einer jeweils anderen Sprache.«

Ernst Beyeler, der Besitzer und Leiter des Museums, sagt: »Ich halte Anselm Kiefer für einen der interessantesten Künstler unserer Zeit. Mich beeindruckt, wie er immer wieder auf der Suche nach dem ist, was die Welt zusammenhält. Das Vermischen von alten Spuren mit der Gegenwart; Beziehungen schaffen zwischen dem Mikrokosmos und dem Makrokosmos. Das ermöglicht neue Zusammenhänge.« Ich erzähle Ernst Beyeler von der Parabel der nicht fangbaren Fische. Vieles, was Hans-Peter Dürr ausführt, hätte ich in dieser Ausstellung wiedergefunden, als Ahnung eher oder als Intuition. Ich hätte die Ausstellung wie ein phantastisches Zwiegespräch erlebt zwischen Kunst, Quantenphysik und moderner Biologie. Mich würden diese Brücken zwischen Kunst und Wissenschaft interessieren. Ernst Beyeler ist diesbezüglich skeptisch. Es sei schwierig, meint er, Kunst und Wissenschaft zusammenzubringen. Die Kunst könne aber neue Sehweisen vermitteln und vielleicht sogar ein neues Bewusstsein für die Natur erwecken. Dies sei ihm ein Anliegen, und er wolle mit solchen Ausstellungen, aber auch durch Unterstützung von Greenpeace und WWF seinen Beitrag gegen die zunehmende Zerstörung unserer Umwelt leisten.

Ernst Beyeler erzählt, er sei 1975 eine Zeitlang fast jeden Abend mit seiner Frau auf das besetzte Baugelände des AKW Kaiseraugst hinausgefahren und habe den Aktivisten und Besetzerinnen Brot, Wurst und anderes gebracht. »Ich bin damals viel auf dem Rhein gerudert, und die Vorstellung, dass wir als Ruderer demnächst an einem Kühlturm mit all dem geschädigten Wasser vorbeifahren müssten, das fand ich unverschämt. Mich hat auch die Sturheit der AKW-Verantwortlichen geärgert, die ohne Rücksicht auf die Bevölkerung dieses AKW in Kaiseraugst bauen wollten.«

Ich selbst gehörte damals zur Besetzungsgruppe und erinnere mich gut daran, wie Ernst Beyeler und ein Freund gemeinsam zu uns kamen, um uns einige Flaschen Whisky zu schenken.

Benny Haerlin, Aktivist in Berlin, und
Marcello Buiatti, Molekulargenetiker in Florenz

Zellen flüstern, schwatzen, reden

Berlin, Januar 2005. Der Nachtzug kommt um acht Uhr in Berlin Zoologischer Garten an. Mit der U-Bahn geht es weiter zum Harnackhaus auf dem Gelände der Freien Universität. Dort findet der europäische Kongress für »Gentechfreie Regionen« statt. Ziel des zweitägigen Treffens ist es, die europaweit wachsende Opposition gegen genmanipulierte Pflanzen – auf dem Felde und auf dem Teller – noch besser zu koordinieren und noch stärker zu vernetzen.

Ich freue mich auf diesen Kongress. Hier werde ich alte Bekannte – langjährige Weggefährten im Widerstand gegen Agrogentechnik – wiedersehen. Auch Forschende werden da sein, die in neue Gebiete der Biologie vordringen. Das sind meine zwei Welten.

Die grosse Eingangshalle ist bereits voller Leute, ein bewegtes Durcheinander, viele bekannte Gesichter, ein aufgeregtes Kommen und Gehen und Begrüssen. Ich verziehe mich bald in eine stille Ecke, mit Kaffee und Croissant, um erst einmal richtig anzukommen, hier in Berlin. Beatrix Tappeser gesellt sich zu mir, und wir haben ein paar Minuten Zeit zum Plaudern, bevor Benny Haerlin zu uns stösst.

Auch ihn kenne ich seit langem, er leitete früher bei Greenpeace International die weltweite Gentechnikkampagne, und ich denke gerne an die stundenlangen und für mich wichtigen Strategiediskussionen zurück. Verbindend war auch, dass wir beide über die Grenzen der Gentechnik hinauswollten. Wir debattierten über Epigenetik und zukunftsfähige Projekte und suchten nach Wegen, diese Themen in die Gentechnikdebatte einzubringen. Beide arbeiten wir heute bei GENET mit, dem europäischen Netzwerk gentechkritischer Verbände und Gruppen.

GENET ist einer der Organisatoren des Berliner Kongresses, und auf Benny Haerlin lag die Hauptlast der Kongressvorbereitung. Wie er so vor mir steht, macht er nicht den Eindruck, als würde ihn die Verantwortung für den Ablauf der Veranstaltung im geringsten stressen, er ist die Ruhe selbst.

Gut 200 Leute aus über 30 Ländern sind nach Berlin gekommen, um sich gegen industrielle Freisetzungen von genmanipulierten Pflanzen zur Wehr zu setzen. Die EU beschloss 1998 de facto ein Moratorium für den Anbau von Gentechpflanzen, und in den Jahren danach wurden bis auf einzelne Ausnahmen keine genmanipulierten Pflanzen kommerziell angebaut. Im Mai 2004 hob die EU-Kommission auf Druck der USA das De-facto-Moratorium auf; Gentechpflanzen sollten nun auch in der EU zugelassen werden. Doch die EU-Kommission machte die Rechnung ohne den Wirt: Sie provozierte damit europaweit eine ungeahnte Oppositionswelle.

Rund 100 Regionen Europas haben sich inzwischen zu »gentechfreien Gebieten« erklärt. Sie erstrecken sich von Wales über die Toskana und die Emilia-Romagna bis nach Oberösterreich und Griechenland. In Frankreich beläuft sich die Zahl der Gemeinden, die frei von Gentechnik bleiben wollen, inner- und ausserhalb der dortigen »gentechfreien Zonen« auf weit über tausend. In Italien wehren sich mehr als 1800 Städte gegen Gentechfood. In Griechenland bestehen alle 54 Regionen darauf, gentechfrei zu bleiben, also ganz Griechenland. Seit Jahren ergeben Umfragen, dass über 90 Prozent aller Griechinnen und Griechen Gentechfood ablehnen.

Erinnerungen an die Zeiten der Gen-Schutz-Initiative kommen auf. Damals, um 1998, engagierten sich vor allem Grüne, Linke, Umweltbewegte – die »üblichen Verdächtigen« also. Heute sind auch Landwirtschaftsminister einzelner Regionen hier, ebenso wie Vertreter von Lebensmittelunternehmen, Naturschutzbehörden und Bauernverbänden. Auch viele Wissenschaftlerinnen nehmen am Kongress teil. Die Opposition ist breiter und mächtiger geworden. Diese Aufbruchstimmung – sie ist überall spürbar. Ein gutes Gefühl. Wir können tatsächlich etwas bewegen, und ohne die Millionen gentechkritischer Menschen in Europa wäre der Kontinent längst mit genmanipuliertem Essen überschwemmt worden. Vandana Shiva taucht vor meinen Augen auf und die Chipkofrauen, wie sie alle mit Leidenschaft ihr Saatgut verteidigten. Vandana Shiva traf ich in den letzten Jahren einige Male, und heute setzt auch sie sich für ein »gentechnikfreies Indien« ein, zusammen mit einer breiten Koalition, der unter anderen Konzerne wie Nike und Esprit angehören sollen.

Die Tagung beginnt. Ganz im Gegensatz zu Benny Haerlin bin ich nicht die Ruhe selbst. Ich habe Lampenfieber, muss ich doch als eine der ersten reden. Ich habe mir etwas ausgedacht, um die zwangsläufige Kontamination der Landwirtschaft durch Gentechpflanzen zu veranschaulichen. Ich werde ein Glas Wasser auf den Tageslichtprojektor stellen und blaue Tinte hineintropfen lassen. Die Tinte wird im Wasser Schlieren bilden, die sich langsam auflösen, und nach einer Weile wird alles Wasser hellblau, also mit blauen Tintenmolekülen »kontaminiert« sein.

Was ich damit zeigen will: Beim industriellen Anbau von Gentechpflanzen ist eine Kontamination anderer Pflanzen kaum zu verhindern. Wind oder Bienen tragen gentechnisch veränderte Pollen über weite Strecken auf andere Felder und verwandte Wildkräuter. Vögel verbreiten genmanipulierte Samen. Auch während des Transports und bei der Verarbeitung finden ungewollte Vermischungen statt. Mit Vorsichtsmassnahmen können Kontaminationen zwar reduziert werden, beispielsweise mit Sicherheitsabständen zwischen den Feldern, mit getrennten Transportwegen und Produktionsstätten. Auch gibt es Unterschiede zwischen den Kulturen. Bei Raps ist das Kontaminationsrisiko sehr gross, Rapspollen können bis zu 26 Kilometer weit fliegen. Bei Kartoffeln ist das Risiko gering, bei Mais und Weizen liegt es irgendwo in der Mitte. Doch ein Nebeneinander von gentechfreiem Landbau und Feldern mit genmanipulierten Pflanzen ist kaum möglich, die Kosten zur Vermeidung grossflächiger Kontaminationen wären exorbitant hoch.

Während des Vortrags verteilt sich die Tinte im ganzen Glas. Bei leichtem Schütteln sieht es so aus, als ob ein Sturm mit blauen Wellen aufkommt.

Als nächster Redner ist Benny Haerlin an der Reihe. Täusche ich mich, oder ist er nun auch ein wenig nervös? Er projiziert eine Weltkarte mit roten Tupfen an die Wand

– jeder Tupfen symbolisiert eine Antigentechnikkampagne. Es gibt rote Punkte in Ostafrika, in Brasilien, Japan und auch in den USA, überall, auf der ganzen Welt. Agrogentechnik, so zeigt diese Karte, provoziert weltweiten Widerstand. Dafür gebe es zwei Gründe, sagt Benny Haerlin. Ein Grund seien die nicht absehbaren Risiken, der andere, dass die Agrogentechnik weltweit neue Abhängigkeiten schaffe und zu einer nie dagewesenen Konzentration des Saatgutmarktes führe. Über 90 Prozent des gesamten gentechnisch veränderten Saatguts stammt heute von einer einzigen Firma, dem US-Konzern Monsanto. Den Rest teilen sich eine Handvoll Grosskonzerne auf. »Ihr Ziel ist es«, führt Benny Haerlin aus, »die gesamte Lebensmittelproduktion vollständig unter ihre Kontrolle zu bringen, vom Saatgut bis auf den Teller. Das nennen sie vertikale Integration. Und dafür bietet das Patentrecht eine in der Landwirtschaft noch nie dagewesene Möglichkeit: Genmanipulierte Pflanzen können patentiert werden, konventionell gezüchtete hingegen nicht. Ein Patent gibt den Konzernen die ausschliessliche Kontrolle über ihre sogenannte Erfindung: Keiner darf sie nutzen ohne ihre Zustimmung, und die Bauern müssen jedes Jahr Lizenzen zahlen und sich an ihre Anweisungen halten. Das wollen sich vor allem die Länder des Südens nicht gefallen lassen.« Zu dieser Strategie passe auch, dass weltweit nur Gentechnikpflanzen mit zwei Eigenschaften angebaut würden: Pflanzen, die Herbizide gut ertrügen, und Bt-Pflanzen, die gegen Insekten resistent seien. »Beides sind Errungenschaften aus den achtziger Jahren – wo bleibt da die Innovation? Eine andere Konzernbranche müsste bei so schlechter Leistung schon lange dichtmachen.«

In der Mittagspause erzählt mir eine Japanerin, in ihrem Land würden 200 000 Menschen und über 500 Verbände verlangen, dass die im Norden gelegene Insel Hokkaido gentechfrei bleibe. Und eine hohe Beamtin aus der Bretagne berichtet, dass die Region mit dem brasilianischen Bundesstaat Paraná ein Sonderabkommen für die Lieferung von gentechfreiem Viehfutter abgeschlossen habe. Die Bretagne, eines der wichtigsten Milchwirtschaftsgebiete Frankreichs, sei gentechfrei und wolle es bleiben. Mit einem Schweden plaudere ich über die Anfangszeiten von GENET – wir beide gehörten zu der kleinen Gruppe, die 1995 GENET gegründet hatten. Ich rede mit einem rumänischen Umweltschützer, erkundige mich nach der Situation in Bulgarien und Georgien und Portugal …

Alle sagen, es gehe ihnen vor allem auch um die Eigenständigkeit ihrer Region und um das urdemokratische Recht, selbst wählen zu können, was auf den Teller kommt. Es gehe um die Bewahrung einheimischer und kulinarischer Eigenheiten. »Gentechfrei« ist zu einem Qualitätslabel geworden, eine ökonomische Chance für die Zukunft. Risikoüberlegungen spielen bei der Ablehnung genmanipulierter Pflanzen zwar auch eine Rolle, aber sie stehen nicht im Mittelpunkt.

Das empfinde ich als grossen Fortschritt. Zu Zeiten der Gen-Schutz-Initiative war das anders. Damals war die Risikodebatte zentral. Es geht aber um viel mehr als nur die Risiken: Im Zentrum steht unsere Kultur und letztendlich auch ein anderes Weltbild.

Am Nachmittag schildern Teilnehmerinnen und Teilnehmer die Situation in ihren Herkunftsländern. Maya Graf und ich referieren über die Lage in der Schweiz. Maya Graf, mit einer kecken roten Locke in der Stirn und einer hellgrünen Jacke, stellt die neue Schweizer »Volksinitiative für gentechfreie Lebensmittel« vor, für die wir vor einem Jahr die nötigen Unterschriften gesammelt haben. Die Initiative verlangt, dass in der Schweiz fünf Jahre lang keine Gentechpflanzen in kommerziellem Umfang angebaut werden dürfen. Kleinflächige Experimente für die Forschung schliesst die Initiative nicht aus. Wir haben aus der Gen-Schutz-Initiative gelernt: Die neue Initiative enthält nur diese eine Forderung, sie ist gemässigt und wird von einer breiten Koalition unterstützt. Ende 2005 wird die Volksabstimmung stattfinden.

Maya Graf präsidiert die »Schweizerische Arbeitsgruppe Gentechnologie«, die die Initiative lanciert hat. Sie ist Biobäuerin und Nationalrätin der Grünen Partei; sie verficht unsere Anliegen im Parlament, und ihre unverkrampfte und frische Art kommt gut an. Ich selbst gehöre nicht mehr – wie zu Zeiten der Gen-Schutz-Initiative – zum Kern der Initiativgruppe; ich stehe etwas am Rande und bin sehr froh über Leute wie Maya Graf, die sich engagiert um die neue Initiative und die tagtägliche politische Knochenarbeit kümmern. So kann ich, ohne schlechtes Gewissen, mein Interesse mehr auf die internationale Verknüpfung richten. Vor allem aber zieht es mich weiter, zu neuen Fragen.

Am zweiten Tag bestreiten Marcello Buiatti und ich einen Workshop, um neun Uhr im Leibniz-Saal. Marcello

Buiatti ist Molekulargenetiker an der Universität Florenz, und unser Thema heisst: »Die Grundlagen der Gentechnologie«. Der kleine Saal mit der reichverzierten Stuckdecke ist übervoll, zusätzliche Stühle müssen herbeigeholt werden.

Marcello Buiatti beschreibt in seinen Ausführungen das Gendogma und widerlegt es Stück für Stück. Gene seien keine unabhängigen Teilchen, die sich wie Kugeln in einer Schüssel verhielten. Gene seien vielmehr dynamisch und ambivalent. Sie könnten verschiedene Funktionen ausüben und flexibel reagieren. Marcello Buiatti erläutert die Grundlagen der Epigenetik und berichtet von neuen Erkenntnissen der Systembiologie.

Während ich zuhöre, wird mir wieder einmal bewusst, wie janusköpfig die Molekularbiologie ist. Auf der einen Seite ist die Agrogentechnik, immer noch tief verstrickt im veralteten Gendogma. Hinter ihr stehen sechs grosse Agrokonzerne, die den gesamten Saatgutmarkt von genmanipulierten Pflanzen monopolisieren. Ihre Kontrolle über die weltweite Lebensmittelversorgung nimmt zu – darin sehe ich eine der grössten Gefahren. Agrogentechnik ist zum Symbol geworden für eine hochproblematische Industrielandwirtschaft nach dem Muster der USA. Sie wurde zur Karte in einem globalen Poker, in dem es um die Kontrolle und die Erschliessung neuer Märkte geht, nicht aber um die Ernährung der Welt.

Auf der anderen Seite hat die molekularbiologische Forschung längst die Fesseln des engen Gendogmas gesprengt, sie ermöglicht auf der zellulären Ebene eine »ganzheitliche« Sicht und eröffnet phantastische neue Einsichten in Lebensprozesse. Das Paradoxe ist, dass quasi die gleiche Wissenschaft radikal andere Sehweisen auf das Leben freigibt. Es ist, wie wenn man lange Zeit nur die Aussenseite des Kastens von oben betrachtet hat und plötzlich von unten in den Kasten hineinschaut. Das ergibt ein völlig neues Bild.

In den Anfangszeiten hatte ich alles, was mit Gentechnik zusammenhing, in Bausch und Bogen abgelehnt. Das waren einfache und klare Botschaften. Heute ist das schwieriger, das Bild ist differenzierter geworden. So ist auch das alte Gendogma nicht einfach falsch. Ohne dieses Gendogma wäre die heutige Molekularbiologie nicht möglich. Der Fehler ist, die Grenzen des Gendogmas zu übersehen und es zu einem allgemeingültigen Prinzip zu erheben, wie wir dies heute noch in der Agrogentechnik beobachten können. Die beiden Sichtweisen – die von oben und die von unten – sind komplementär, zwei Ansichten des gleichen Kastens, sie bedingen und ergänzen sich gegenseitig.

So befinden wir uns heute in einer Art Schwebezustand. Das alte Gendogma existiert noch immer, und gleichzeitig entwickeln sich neue Vorstellungen über das, was Leben ausmacht – eine hochinteressante, widersprüchliche, eine konfliktreiche Phase.

Marcello Buiatti berichtet gerade von seinen Untersuchungen über die Dynamik von Lebensprozessen in der Zelle, die sein Team an der Universität Florenz durchführt. Im Zentrum dieser Arbeiten, sagt er, stehe die Zellkommunikation.

Zellkommunikation? Über Pflanzen und Kühe erfuhr ich bisher einiges, ebenso über Gene und Moleküle. Dazwischen sind die Zellen. Also setzen wir uns nach dem

Workshop in den nun leeren Leibniz-Saal, vor uns zwei Tassen Tee. Ich bitte ihn, mir zu beschreiben, wie Zellen miteinander kommunizieren. Er rührt lange in seiner Teetasse und sagt dann: »Der menschliche Körper besteht aus sehr vielen Zellen, und jede dieser Zellen ist eine Meisterin der Kommunikation. Kommunikation ist die Grundlage des Lebens schlechthin. Die Teetasse hier besteht aus Teilchen, die nur ganz wenig miteinander kommunizieren. Wir bestehen ebenfalls aus Teilchen, bei uns aber findet im Körper andauernd eine äusserst intensive Kommunikation statt. Die Teilchen sind in ein dynamisches Beziehungsgeflecht eingebunden, sie agieren und reagieren ständig miteinander. Kommunikation ist das, was das Leben ausmacht, das, was uns von toter Materie unterscheidet.«

»Was aber ›sagen‹ sich die Zellen?«

»Beginnen wir mit einem Beispiel, das für das Leben ganz entscheidend ist. Eine Mitteilung, die Zellen an andere Zellen richten, lautet: Ihr dürft euch nicht zu oft teilen, sonst richtet ihr Schaden an. Wenn nun eine Zelle den engen Kontakt zu ihren Nachbarinnen verliert und nicht mehr versteht, was diese ihr mitteilen, beginnt sie, sich ungehemmt zu teilen, sie wuchert und wird zu einer Krebszelle. Ununterbrochen zirkulieren solche und andere Informationen zwischen benachbarten Zellen hin und her, es ist eine Zellkommunikation auf sehr kurze Distanz.«

Zellgeflüster also. Auf meine Frage, wie denn Zellen miteinander kommunizierten, antwortet Marcello Buiatti, es stehe ihnen dafür eine ganze Palette verschiedenster Signalmoleküle zur Verfügung. Meistens seien dies kleine Moleküle, wie zum Beispiel Proteine, aber auch kleine

Zuckermoleküle, Phosphorradikale, Fettmoleküle, kleine geladene Atome oder sogar gelöste Gase. »Diese Moleküle werden von Zelle zu Zelle ›gesendet‹, sie können sehr schnell Programmänderungen bewirken. Wenn ich mir zum Beispiel in den Finger schneide, dann signalisieren die zerstörten Zellen ihren Nachbarinnen, sie sollten sofort beginnen, sich zu teilen, um den Heilungsprozess einzuleiten. Für die Botschaft ›Teile dich‹ benutzt die Zelle die gleichen Botenstoffe wie vor der Verletzung für die Botschaft ›Teile dich nicht‹.«

»Wie aber löst ein Signalstoff bei einer Zelle Verhaltensänderungen aus?«

»Alle Zellen haben eine Zellmembran, eine Art Haut, die sie umschliesst. An ihr ist eine grosse Menge von Signalproteinen angelagert, je nachdem 500 bis 1000 pro Zelle. Das obere Ende eines solchen Signalproteins ragt aus der Zellmembran heraus und reagiert wie eine Radioantenne: Es empfängt die Signale der Nachbarzellen und leitet sie ins Zellinnere weiter. Dort wird das Signal mit anderen verrechnet und an eine Vielzahl anderer Signalproteine weitergegeben. Irgendwann erreicht die Botschaft diejenigen Signalmoleküle, die die Gene regulieren, die also bestimmte Gene aktivieren und andere stillegen. Bei den Zellen an meinem verletzten Finger werden auf diese Weise die für die Zellteilung zuständigen Gene aktiviert. Die Zelle beginnt sich zu teilen.«

Ob man heute schon alle Botenstoffe kenne, frage ich. Längst nicht alle, meint der Molekulargenetiker, das brauche noch sehr viel Zeit. Doch die allgemeinen Prinzipien verstehe man aufgrund von vielen bekannten Beispielen von

Zellgeflüster ziemlich gut, es laufe immer ähnlich ab wie beim verletzten Finger. Es gebe aber nicht nur Zellgeflüster im Nahbereich, Zellgespräche würden auch über grosse Distanzen geführt. Beim verletzten Finger zum Beispiel sendeten die Zellen die Botschaft der Verletzung auch ins Gehirn; sie benutzten dazu primär elektrische Signale. Erst im Gehirn werde diese Botschaft in »Schmerz« umgewandelt.

»Doch Kommunikation allein genügt nicht«, fährt Marcello Buiatti fort, »es braucht immer etwas weiteres, das ich als den ›Gebrauch von Strategien des Auskundschaftens und der Erforschung‹ bezeichne, englisch: ›exploratory strategies‹. Nachdem Kolumbus in Amerika gelandet war, begann er den ihm gänzlich unbekannten Kontinent auszukundschaften und erforschte so viele Gebiete. In manchen verweilte er einige Zeit, andere beachtete er nicht. Kolumbus folgte nicht einer einzigen Richtung; er konnte zwischen vielen auswählen. Auch in unserem Leben wenden wir ›erforschende Strategien‹ an. Ich streife umher, hierhin oder dorthin – ich kann unter vielen verschiedenen Richtungen oder Möglichkeiten die mir im Moment als richtig erscheinende auswählen. Das findet sich auf jeder Stufe des Lebendigen, bei Genen, Zellen und ganzen Lebewesen – das gehört existentiell zu jedem Leben.«

Man könne wohl noch eine Stufe weiter gehen, werfe ich ein, und ganze Gruppen von Lebewesen anschauen. Einen Ameisenstaat zum Beispiel. Vor ein paar Wochen hätte ich im Naturhistorischen Museum in Basel den grossen Blattameisenstaat besucht. Ein faszinierendes Gebilde.

Die Ameisen züchten kunstvolle Pilzgärten, von denen sie sich ernähren. Auf einer Tafel steht, dass der Ameisenbau als Ganzes wie ein Superorganismus reagiere. Eine einzelne Ameise hingegen sei nicht überlebensfähig. Ich konnte dort bei einzelnen Ameisen »erforschende Strategien« beobachten, bei anderen hingegen ein sehr zielstrebiges Verhalten. Da transportierten Ameisen grosse Stücke von Brombeerblättern von den Futterquellen zum Ameisenbau. Die Blattstücke, von den winzigen Insekten getragen, schienen zielgerichtet die Ameisenstrasse entlangzuschweben, als wären es die Segel einer Regatta.

Marcello Buiatti nickt energisch. Das sei ein ausgezeichnetes Beispiel, um erforschende Strategien und Selbstorganisation auf beiden Stufen zu beobachten, bei den Ameisen und beim Ameisenstaat. »Wenn eine Ameise ausserhalb des Ameisenstaates nach Futter sucht, rennt sie scheinbar ziellos umher. Findet sie Nahrung, so geht sie auf direktem Weg zur Kolonie zurück und hinterlässt dabei eine Duftspur. Die nächste Ameise, die diese Duftspur kreuzt, folgt dem Duft bis zur Nahrungsquelle, bedient sich und kehrt zur Kolonie zurück. Ameisen erforschen also ihre Umgebung, ohne vorgegebene Richtung und ohne Programm. Später benachrichtigen sie Kolleginnen mit Duftstoffen über Futterquellen; es entstehen Ameisenpfade; aus zufälligen Bewegungen bildet sich Struktur.«

Von draussen dringt Lärm zu uns; offenbar hat die Mittagspause begonnen. Marcello Buiatti fährt fort: »Ein Ameisenstaat besteht aus Abermillionen Ameisen. Er ist ein hochstrukturiertes Gebilde, das Dinge tut, von denen eine einzelne Ameise nichts ›weiss‹. Die einzelne Ameise hat keine Kenntnis von den höherliegenden Strukturen. Milliarden von Interaktionen addieren sich zu einem dynamischen

Ganzen, das etwas Neues ist und über die Möglichkeiten der einzelnen Akteure hinausgeht.«

»Der Ameisenstaat hat also die Fähigkeit, zwischen verschiedenen Optionen auszuwählen. Würdest du diesem Ganzen auch eine Art Intelligenz zuschreiben?«

»Es kommt auf die Definition von Intelligenz an.« Er überlegt eine Weile und sagt dann: »Doch, das kann man so sagen, weil unser Gehirn nach dem gleichen Prinzip funktioniert. Bei der Geburt haben wir schon alle unsere Gehirnzellen, doch die Verbindungen zwischen diesen Zellen – die Synapsen also – sind noch nicht ausgebildet. Es beginnt eine intensive Phase der Kommunikation und des Gebrauchs erforschender Strategien. Eine einzelne Gehirnzelle kontaktiert Tausende anderer Zellen, sie tauscht Nachrichten aus, sie bildet ein dichtes Netz von Verbindungen. Einige werden wieder abgebrochen, unzählige andere entstehen – es ist ein fortwährender Erneuerungsprozess. Durch diesen Prozess bilden sich Strukturen heraus, das Gehirn entwickelt sich – das versteht die moderne Biologie unter dem Begriff ›Selbstorganisation‹. Erforschende Strategien und Selbstorganisation sind also Voraussetzung für jede Art intelligenten Verhaltens. Natürlich gibt es da auch unüberwindbare Grenzen; ich werde mich ja nie zu einem Elefanten entwickeln. Trotzdem ist es so, dass ich ein fortwährender Prozess bin, dass ich mich jede Sekunde wandle und zu einer anderen Person werde. Dies zu wissen macht mich sehr glücklich.« Er lächelt. Unvermittelt fügt er an, sein Sohn habe ihm bei seinen Forschungen viel geholfen. Er sei Neurowissenschaftler und Mathematiker und habe ihm Mathematik beigebracht. Sie würden eng zusammenarbeiten und hätten auch schon gemeinsam wissenschaftliche Studien publiziert, erzählt er stolz. Inzwischen seien sie Teil eines internationalen Netzes von Biologen, Mathematikerinnen, Neurowissenschaftlern, Computerspezialisten und Physikerinnen, die alle an solchen Themen arbeiteten. »Ist es nicht phantastisch«, sagt er, »dass sich überall, auf allen Ebenen, die gleichen Prinzipien von Kommunikation, erforschenden Strategien und Selbstorganisation finden lassen?«

»Dann bist du also überzeugt davon, dass hinter einer Zelle, einer Pflanze oder einem Ameisenstaat kein ›Architekt‹ steht, keine Macht von aussen?«

»Eigentlich braucht es das nicht.«

»Bist du sicher? Ich selbst kann diese Frage nicht beantworten. Da bin ich Agnostikerin. Vor hundert Jahren dachte man, Lebewesen seien eine Art biologische Maschinen, die nach physikalischen Gesetzen funktionierten. Vor nicht allzu langer Zeit glaubte man, das Programm des Lebens liege in den Genen. Für viele Forschende sind Pflanzen immer noch roboterähnliche Wesen. Zugleich erhalten wir spektakuläre neue Einsichten in das, was Leben ausmacht. Doch können Lebewesen mit den Theorien der Kommunikation und Selbstorganisation wirklich ausreichend beschrieben werden? Sind wir so sicher, dass eine Ameise nichts ›weiss‹ vom Ameisenstaat? Ich glaube, wir wissen das einfach nicht. Der Quantenphysiker Hans-Peter Dürr würde sagen, das sei eine Frage, die grundsätzlich nicht beantwortbar sei. Das ist so weit jenseits der naturwissenschaftlichen Fangnetze, dass es nicht erfassbar ist …«

»Moment mal. Ich gebe dir ja recht. Ich sage nur, dass die neuen Theorien eine Erklärung bieten könnten für ein

Leben ohne den ›Architekten von aussen‹. Aber ich weiss auch nicht, ob es einen solchen Architekten gibt. Wir können Zellen und Lebewesen zwar gut beschreiben, aber das heisst noch lange nicht, dass wir das Leben begreifen. Es gibt vermutlich keine universelle wissenschaftliche Wahrheit. Unsere wissenschaftlichen Wahrheiten sind immer nur ›lokale Wahrheiten‹. Die Wissenschaften ändern sich ständig, immer kommen neue Einsichten dazu. In der Biologie werden wir kaum je die alles vereinende Formel finden.«

Das leuchtet mir ein. Das Leben hat so viele verschiedene Facetten, da kommt es darauf an, mit welcher Brille wir es anschauen – oder welche Fangnetze wir gebrauchen. Neue Theorien erhellen gewisse Aspekte, sie lassen aber gleichzeitig andere ausser acht oder verdunkeln sie sogar. Dazu kommt, dass in den letzten zehn Jahren mehr entdeckt worden ist, als wir verstehen. Da ist Raum für Erahntes, für Spekulationen, und neue Perspektiven entstehen.

Seine Begeisterung steckt mich an: Die Vorstellung, dass das Leben auf allen Stufen, vom einzelnen Molekül bis hin zum Ameisenstaat, eine unglaubliche Dynamik entwickelt, immer und überall kommuniziert und erforschende Strategien betreibt, dass es also auskundschaftet, auswählt, »intelligent« handelt – das ist grossartig. Das ist auch befreiend. Ich erinnere mich an Werner Heisenbergs Aussage nach der Entdeckung der Unschärferelation: Jetzt endlich sei die Naturwissenschaft so, wie er das Leben empfinde.

Nun endlich, denke ich, hat auch die Molekularbiologie diesen grossen Schritt getan, die Tür ist weit offen. Eine Vielzahl von wissenschaftlichen Erklärungen – an lokalen Wahrheiten also – könnte die beste Strategie sein, um sich der unermesslichen Komplexität des Lebens anzunähern. Und dies liesse auch Raum für metaphysische Interpretationen. Hat nicht auch mein Musikfreund etwas Wesentliches von dem erfasst, was das Leben ausmacht, wenn er auf seiner Flöte frei zwischen Bach und John Cage improvisiert, in immer neuen Variationen, die eine aus der anderen sich ergebend?

Umgebung von Basel, März 2005. Nach einem Streifzug durch die Wälder – die Bäume sind noch kahl, erst der Bärlauch spriesst, und der Waldboden flimmert in einem zarten Grün – beginne ich, auf einer Bank sitzend, zu schreiben. Die Luft ist so weich wie nur im Frühling. Im Osten nähern sich Wolkentürme. Auf einem Kirschbaum in der Nähe bricht ein Schwarm Krähen in wildes Krächzen aus und fliegt in einer weiten Spirale in die Höhe. Warum sie das wohl tun? Wir wissen es nicht, so wie uns vieles unbekannt ist. Wir drehen uns in riesigen Schlaufen durch die verschiedenen Wissenssysteme von der Quantenphysik über die Philosophie zur Molekularbiologie bis hin zum Wissen der Schamanen. Wir bauen immer raffiniertere Maschinen: Dank dem Elektronenrastermikroskop und neuen bildgebenden Verfahren können wir die Tätigkeiten einzelner Proteine beobachten; Computer mit unvorstellbaren Rechenleistungen arbeiten sich durch gigantische Datenmengen und entdecken Strukturen der Selbstorganisation. Unsere modernen Instrumente relativieren alte Erkenntnisse und machen sie zugleich wieder neu und analysierbar. Wir suchen und finden, damit wir noch besser suchen und finden können und in diesem unendlichen Kreisen etwas weiterkommen. Wir werden immer bescheidener angesichts unserer Ahnungslosigkeit und sind zugleich restlos fasziniert von dem, was vor uns liegt.

Um die Krähen noch sehen zu können, muss ich die Augen zusammenkneifen – sie sind winzige Punkte im Blau des Himmels.

Werbung mit Uranklumpen, *National Geographics,* Mai 1953

Werbung: Gestalt windet sich in DNA-Doppelhelix zum Himmel

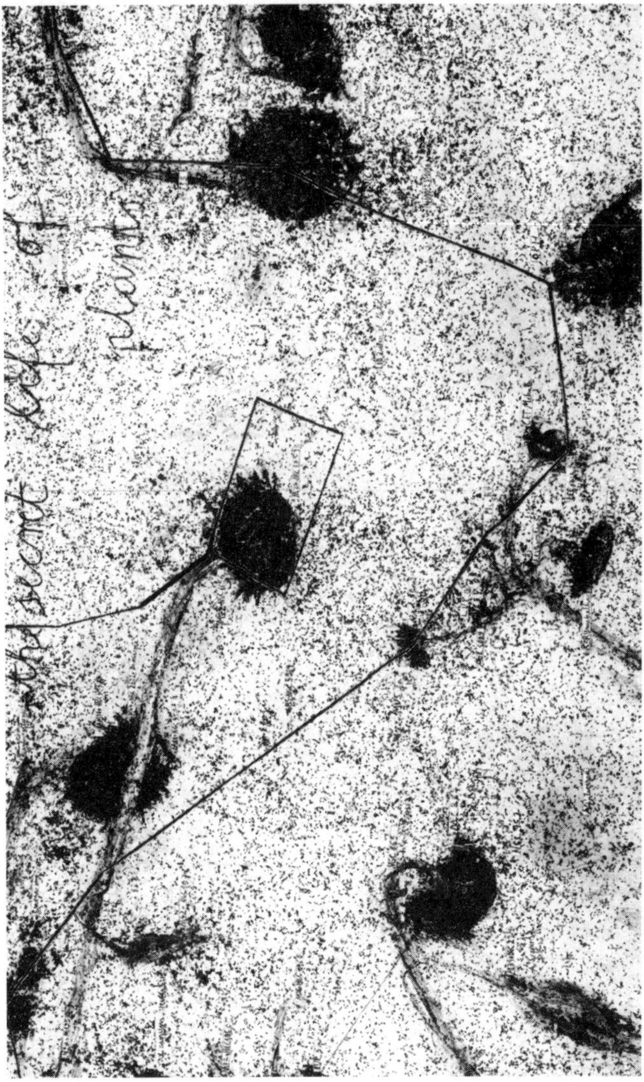

Anselm Kiefer: »The secret life of plants«, 1998

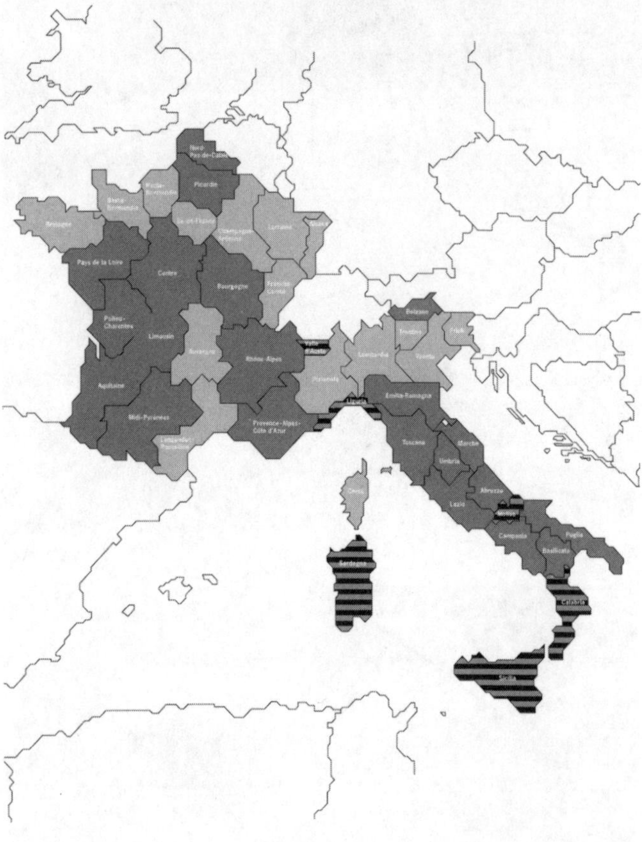

Gentechfreie Gebiete in Italien und Frankreich (2005). Dunkelgrau: gentechfreie Regionen. Gestreift: Regionen vor dem Entscheid für gentechfrei. Hellgrau: (noch) nicht gentechfreie Regionen

Benny Haerlin am Berliner Kongress

Maya Graf und Florianne Koechlin am Berliner Kongress

Marcello Buiatti am Berliner Kongress

Das Ganze ist mehr als die Summe seiner Teile

In der Schweiz wurde 2004 ein neues Gentechnikgesetz beraten. Als Vertreter der schweizerischen Regierung war ich bei der Ausarbeitung des Gesetzes durch das Parlament direkt involviert. Im Laufe der vier Jahre dauernden Debatten fielen mir zwei offensichtliche Widersprüchlichkeiten auf: So legten einerseits Konsumenten-, Umweltschutz- und Landwirtschaftskreise – die sich eigentlich über eine Technologie hätten freuen können, von der manche behaupten, sie sei sauber, komme mit weniger Dünger und Pestiziden aus und verschaffe Nahrung für Hunderte Millionen von unterernährten Menschen auf dieser Welt – eine grosse Skepsis gegenüber diesen Versprechen an den Tag. Andererseits erwiesen sich wissenschaftliche Kreise, deren Rolle darin bestehen sollte, auf kritische Weise die Risiken und Chancen einer neuen Technologie zu erforschen und darzulegen, als bedingungslose Propagandisten des wissenschaftlichen Fortschritts.

Glücklicherweise war der Graben zwischen den beiden Standpunkten nicht unüberwindbar. Es liessen sich zahlreiche Brücken schlagen, und letztlich entstand ein Gesetz, das die Forschung zulässt und strenge Sicherheitsbestimmungen für die Anwendung von Gentechnologie festlegt.

Genetisch veränderte Organismen sind nicht natürlich

Handelt es sich bei der Gentechnologie bloss um eine

Nachbildung natürlicher Phänomene, vergleichbar mit den klassischen Kreuzungen, wie sie seit Jahrhunderten zur Verbesserung der Eigenschaften von Pflanzen und Haustieren praktiziert werden? Auf diese Kardinalfrage liefert Artikel 5 Absatz 2 des schweizerischen Gentechnikgesetzes eine eindeutige Antwort: »Gentechnisch veränderte Organismen sind Organismen, deren genetisches Material so verändert worden ist, wie dies unter natürlichen Bedingungen durch Kreuzen oder natürliche Rekombination nicht vorkommt.«

Wozu genetische Veränderungen?

Aus meiner Sicht können drei Argumente die Anwendung von Gentechnologie rechtfertigen:

1. die wissenschaftliche Neugier;
2. die Laborforschung zur Erweiterung unserer Kenntnisse der Natur ist unproblematisch, sofern sie die Würde der Pflanzen und Tiere respektiert und nicht mit der Aussenwelt in Berührung kommt;
3. die Produktion in geschlossenen Systemen.

Die Verwendung genetischer Elemente ermöglicht die industrielle Herstellung komplexer Substanzen mit geringem Energieaufwand und wenig chemischen Rückständen. Die Risiken sind dabei klein, solange keine Ökosysteme tangiert werden und das System hermetisch geschlossen bleibt.

Die Risikoforschung

Es ist nicht auszuschliessen, dass sich die Gentechnologie weiterentwickelt und es hier oder anderswo zu Freisetzungen in die Umwelt kommt. Deshalb müssen wir unser Wissen über die potentiellen Risiken der Gentechnologie und über die entsprechende Risikoverminderung erweitern. Dies kann eine risikoorientierte Forschung im freien Feld rechtfertigen.

Die Ernährungsproblematik

Die bereits in Verkehr gesetzten und auf mehreren Millionen Hektaren kultivierten gentechnisch veränderten Organismen sind in keiner Weise eine Lösung für die globalen Ernährungsprobleme.

Noch heute besteht die Weltbevölkerung grösstenteils aus Landwirten, die vornehmlich kleinbäuerliche Subsistenzwirtschaft betreiben. Sie sind angewiesen auf vor Ort reproduzierbare Organismen und auf naturnahe Produktionsmethoden, damit sie ihren eigenen Dünger herstellen und Schädlinge mit lokal vorhandenen Mitteln bekämpfen können.

Um der Mehrheit der Bauern die Existenz zu sichern und der Bodenzerstörung vorzubeugen, müssen die Ökosysteme erhalten bleiben, welche die Versorgung mit einwandfreiem Wasser gewährleisten. Dazu ist eine nachhaltige Bodenbewirtschaftung mit integrierten biologischen Methoden nötig. Zudem gilt es, genügend Naturräume zu bewahren, um so für Ergänzungslebensmittel zu sorgen und die Grundlage für die Gewinnung natürlicher Agrarhilfsstoffe sicherzustellen.

Aus dieser Sicht leisten die gegenwärtig auf dem Markt erhältlichen genetisch veränderten Organismen keinen brauchbaren Beitrag. Im Gegenteil: Aufgrund ihres grossflächigen Einsatzes in der industrialisierten Landwirtschaft drohen sie die Kleinproduzenten zu verdrängen.

Sicherheit geht vor

Angesichts der Ungewissheit bezüglich der möglichen Auswirkungen der Gentechnologie auf die Natur scheint es mir unangebracht, die Freisetzung gentechnisch veränderter Organismen in die Umwelt zwecks kommerzieller Nutzung zu bewilligen. Niemand kann die potentiellen Risiken wirklich übernehmen.

Bei der Gentechnologie handelt es sich um einen mechanistischen Zugang zur Natur. Dabei werden einem Organismus Datengrundlagen aus einem anderen Organismus injiziert – in der Annahme, die Natur werde die neue Kombination schon wieder ins Gleichgewicht bringen. Wie genau dies erfolgen soll und ob die Manipulation Auswirkungen auf den restlichen Organismus hat, ist nicht bekannt.

Der neu geschaffene Organismus birgt die Gefahr, sich invasiv zu verhalten sowie dominierende Merkmale oder schwache Eigenschaften auf andere Organismen zu übertragen und damit die Ökosysteme ernsthaft zu beeinträchtigen. Es besteht überdies das Risiko, dass er für die Natur oder den Menschen schädliche Elemente enthält oder neue Sekundärorganismen generiert, die – wie beispielsweise im Prionenmodell – Krankheiten oder Epidemien einer neuen Art verursachen, die sich jeglicher Kontrolle entziehen.

Die Entwicklung der Gentechnologie ist mittels strenger, auf einem kritischen Forschungsansatz beruhender Sicherheitsregeln zu überwachen. Der Entscheid über eine mögliche Freisetzung gentechnisch veränderter Organismen in die Umwelt darf nicht allein von kommerziellen Interessen gesteuert werden.

Der Blick aufs Ganze

Gentechnologie sollte zudem mit anderen Forschungsstrategien verglichen werden, um die jeweils beste Lösung für ein Problem zu eruieren. Die Forschung der letzten Jahre hat eindrücklich gezeigt, wie gross das Potential von Lösungsstrategien ist, die ohne genmanipulierte Organismen auskommen. Ausnutzen von Vielfalt und Kreisläufen, Wiederherstellung gestörter Balancen, Einsetzen von Nutzinsekten – das sind nur einige Stichworte für diese andere Forschungsagenda. Wie Florianne Koechlin in ihrem Buch zeigt, können solche Strategien zukunftsweisend sein, für Europa und auch für Länder des Südens. Darüber hinaus ist in der Biologie der Blick wieder offen für Interpretationen dessen, was das Leben ausmacht. Die Summe aller Teile ist oft mehr als das Ganze – das zeigen die faszinierenden Streifzüge Florianne Koechlins in die Welt der Wissenschaft.

Philippe Roch
Direktor Bundesamt für Umwelt, Wald und Landschaft

Anhang

Anmerkungen

Schwarze Samen, goldene Ähren

S. 8 *Die Chipkobewegung*

Shiva erzählt: »1962 führten Indien und China Krieg gegeneinander, und in dieser Grenzregion im Nordosten wurden überall Transportwege gebaut und dabei riesige Waldgebiete abgeholzt. Es kam zu Bergrutschen und Überschwemmungen, ganze Dörfer wurden zerstört. Dann begannen einige wenige Frauen in einer spontanen Aktion, sich gegen weitere Baumfällaktionen zu wehren. Sie blockierten die Zufahrtsstrassen mit Steinen und klammerten sich, als die Räumtrupps kamen, an die Bäume. Ein bekannter Sänger – er ist auch hier am Festival – schrieb damals das Chipkolied, und mit diesem breitete sich die Bewegung rasch von Dorf zu Dorf aus. Meine Familie stammt aus dieser Region, und bevor ich als junge Frau wegen meiner Doktorarbeit nach Kanada reiste, kam ich nochmals hierhin. Ich war entsetzt, als ich die Zerstörung sah. Ich erfuhr aber auch von der Chipkobewegung und kontaktierte sie sofort. Danach kam ich, sooft ich in den Ferien konnte, zurück zu den Chipkofrauen und arbeitete in den Dörfern. Ich brachte den ersten Fotoapparat, so dass sie ihre Aktionen dokumentieren konnten, und wir schrieben Berichte – in einer Sprache, die Politiker und Beamte verstanden. Die Chipkobewegung ist wirklich erstaunlich; sie war von Anfang an für biologische Vielfalt. Ende der achtziger Jahre, als die Debatte um Gentechnik und Patente begann, suchte ich die Frauen wieder auf und überzeugte sie, dass der Schutz der Vielfalt vom Wald auf die Landwirtschaft ausgedehnt werden müsse. Wenn man den Leuten hier erklärt, dass ihr Saatgut manipuliert und monopolisiert werden soll, spüren sie sofort, dass sie es schützen und pflegen müssten. Darum gibt es die jährlichen Saatgutfestivals.«

S. 9 *Vielfalt ist entscheidend*

Das Fehlen von Vielfalt kann sich verheerend auswirken, wie ein Beispiel aus Europa zeigt: Im 19. Jahrhundert litten europaweit Millionen Menschen Hunger, ganz speziell in Irland, weil ein Pilz die Kartoffelernten zerstörte. Der Pilz *Phytophthera infestans*, der bei Kartoffeln die Kraut- und Knollenfäule verursacht, wurde von Mexiko nach Europa eingeschleppt und begann gleich danach seinen verheerenden Zerstörungszug. Auch die Schweiz war betroffen. Jeremias Gotthelf beschreibt in der herzberührenden Geschichte »Käthi die Grossmutter«, wie Grossmutter Käthi und ihre Enkelin aufs Feld gehen und nur noch schwarze und matschige Kartoffeln vorfinden, die einen unerträglichen Gestank ausströmen. Wie den Winter überleben, fragen sie sich bange.

S. 9 Der Siegeszug der Kraut- und Knollenfäule hatte einen Grund: Damals stammten alle in Europa angepflanzten Kartoffeln von einigen wenigen Vorfahren aus den Anden ab. Alle Kartoffeln waren genetisch praktisch identisch – wie eine grosse Inzucht, wie eine Monokultur quer durch Europa. Sobald sich der Pilz einmal an diese europäische Kartoffel angepasst hatte, verbreitete er sich wie ein Buschfeuer über ganz Europa. Heute ist die Kraut- und Knollenfäule immer noch gefürchtet. Die wichtigste Gegenstrategie heisst Vielfalt: Kartoffeln benötigen viele verschiedene Resistenzmechanismen von vielen verschiedenen Vorfahren, um dem aggressiven Pilz zu widerstehen.

Vielfalt ist allgemein eine wichtige Strategie in der Landwirtschaft, wie die zwei folgenden Beispiele zeigen:

1. In der chinesischen Region Yunnan hat der Pilz *Magnaporthe grisea* im Reisanbau massive Schäden angerichtet. Nun pflanzen die Bäuerinnen und Bauern statt der bisher üblichen Monokulturen immer zwei Sorten Reis an, drei Reihen Sorte A und eine Reihe Sorte B – mit verblüffendem Erfolg: Der Pilzbefall ging um 94 Prozent zurück, und der Ertrag wurde um 89 Prozent erhöht. Die Bauern benötigten keine Pilzgifte und keinen Gentech-Reis; sie verdienten pro Hektare 150 $ mehr. Forschende führen diesen Grosserfolg auf verschiedene Mechanismen zurück: Dank Sortenmischung ist die physische Distanz zwischen den gleichen Reispflanzen grösser und für den Pilz schwerer zu durchbrechen; es gibt mehr Nützlinge, die dem Pilz zusetzen, und es besteht die Vermutung, dass dank grösserer Vielfalt das Immunsystem der Reispflanzen aktiviert wird. Das System wird heute auf rund 5300 Hektaren angewendet. (Zhu et al., 2000; Wolfe, 2000)

2. Die traditionelle »Drei-Schwestern«-Landwirtschaft in

Zentralamerika besteht aus Mais, Bohnen und Kürbis: Der Mais dient als Bohnenstange für die Bohnen; der Kürbis hält das Unkraut niedrig und den Boden feucht. Die Mischkultur produziert mehr, als jede einzelne Pflanze in Monokultur produzieren würde. (Pretty und Hine, 2001)

S. 13 *Shiva zu Biodiversität und Patenten:* Shiva (1993) und Shiva (1997)

S. 14 *Die Koalition der Gen-Schutz-Initiative*

Trägerin der Gen-Schutz-Initiative war die SAG (Schweizerische Arbeitsgruppe Gentechnologie); sie war auch für die Sammlung der 110 000 Unterschriften verantwortlich. Die SAG ist der Dachverband aller gentechnikkritischen Organisationen in der Schweiz. Mitglied der SAG sind Greenpeace, WWF, Pro Natura und andere Umweltverbände, Konsumenten- und Tierschutzbewegungen sowie Kreise des Biolandbaus und der Entwicklungshilfe. Ich selber war (und bin es immer noch) in der Kerngruppe der SAG aktiv.

Wasserbockparfum gegen Tsetsefliegen

S. 25 *»Nature«-Artikel zum ICIPE:* Khan et al. (1997)

Zum ICIPE

Das ICIPE (International Centre of Insect Physiology and Ecology) wurde 1970 gegründet, um zum massiven Einsatz von synthetischen Pestiziden Alternativen zu erforschen und zu entwickeln, die umweltfreundlich, billig und einfach anwendbar sind. Ziel des ICIPE ist die Förderung und Verbesserung der vier »G« – Gesundheit von Mensch, Tier, Pflanze und Umwelt. Hans Herren ist seit 1994 Direktor des ICIPE. Im Sommer 2005, also kurz vor dem Erscheinen dieses Buches, ist Hans Herren als Direktor des ICIPE zurückgetreten. Neuer Direktor ist Christian Borgemeister. Informationen zum ICIPE: www.icipe.org

S. 26 *Zum Kamerateam*

Unter der Leitung von Alex Hagmann entsteht der Videofilm »Faszination Bioforschung. Eine afrikanische Erfolgsgeschichte«. 11 Minuten, s. www.blauen-institut.ch

S. 33 *Der Stengelbohrer – weitere Bekämpfungsmassnahmen*

Neben dem Push-and-Pull-System wird der Stengelbohrer auch mit natürlichen Feinden bekämpft. Gegen *Chilo partel-*

lus etwa, die aggressivste Stengelbohrerart in Afrika, haben ICIPE-Forscher um Bill Overholt in dessen ursprünglicher Heimat Indien eine kleine Schlupfwespe gefunden: *Cotesia flavipes Cameron*. Sie sucht die Stengelbohrerlarve im Innern des Stengels auf, sticht die Larve an und legt ihre Eier in ihr ab. Die Schlupfwespen schlüpfen aus und fressen die Larve von innen her auf. Diese Schlupfwespe, nach sorgfältigen Untersuchungen ausgewählt, wurde 1993 in Kenia an drei Orten ausgesetzt. Untersuchungen haben gezeigt, dass der Stengelbohrerbefall in diesen Gegenden inzwischen um über 50 Prozent reduziert wurde.

S. 33 Der Mais kam erst vor 100 Jahren nach Ostafrika und hatte keine Resistenz gegen den Stengelbohrer. Dem seinerseits aus Indien importierten Stengelbohrer *Chilo partellus* fehlten in Afrika die natürlichen Feinde. Damit war jedes Gleichgewicht, das früher zwischen nativen Stengelbohrern und Wildgräsern bestand, massiv gestört. Overholt sagt: »Zuerst haben wir sorgfältig geprüft, ob die Schlupfwespe andere Insekten schädigt. Das können wir nun mit allergrösster Wahrscheinlichkeit ausschliessen. Der Wirtebereich dieser Schlupfwespe ist eng limitiert durch ihr Suchverhalten: Sie parasitiert nur auf Stengelbohrerlarven und nur während der Zeit, da diese im Innern eines dicken Stengels ihren Frasstunnel bohren. Die Schlupfwespe wird vom Kotgeruch der Stengelbohrerlarve angezogen und gelangt durch deren Löcher ins Stengelinnere. Umfangreiche Laborstudien haben gezeigt, dass keine andern Schmetterlingslarven diese Kriterien erfüllen.«

S. 33 *Stengelbohrer und Maiszünsler sind verwandt*

In Europa ist der Maiszünsler, ein enger Verwandter des Stengelbohrers, der schlimmste Schaderreger in Maiskulturen. Auch da gibt es eine Schlupfwespe als Gegenspieler: *Trichogramma brassicae* heisst die winzige Schlupfwespe, die ihre Eier in die Eier des Maiszünslers legt und sie von innen her zerstört. Diese Methode der Maiszünslerbekämpfung ist in der Schweiz gut etabliert. Die Bauern erhalten zur richtigen Zeit per Post kleine Kartonrähmlein mit schlüpfbereiten Wespen zugeschickt und hängen diese in ihrem Maisfeld auf.

S. 37 *Einige weitere Forschungsschwerpunkte des ICIPE*

Malaria: Untersucht wird die Überträgerin von Malaria, die

Anophelesmücke. Erforscht werden ihre Lebensweise, ihre Präferenzen und Gewohnheiten, um Schwachstellen im Lebenszyklus der Mücken auszunützen. Es ist ein interdisziplinäres Projekt, das Verhaltensforschung, Populationsdynamik, ökologische Forschung und Molekularbiologie miteinander verbindet.

Fruchtfliegen: Diese können grosse Schäden verursachen; bei der Mangoernte z.B. werden jährlich 20 bis 40 Prozent von Fruchtfliegen zerstört. ICIPEs Forschungsstrategien umfassen: Forschung und Entwicklung von Lockstoffen, biologischen Insektiziden und natürlichen Feinden.

Neemprodukte: Fast alle Teile des Neembaums *(Azadirachta indica)* können verwendet werden, als Fungizide, Insektizide oder als Heilmittel gegen zahlreiche Krankheiten. Am ICIPE werden neue Einsatzgebiete von Neemprodukten erforscht, z.B. als Insektizide gegen Tsetsefliegen, Zecken oder Flöhe. Mit Neem-Aufklärungskampagnen und Neem-Baumschulen versucht das ICIPE, Einsatz und Wissen von Neemprodukten zu verbreitern.

Bienen und Seidenraupen: Einheimische Bienen und Seidenraupen werden gezüchtet und wissenschaftlich begleitet. So konnten zum Beispiel von Viren befallene Seidenraupen erfolgreich mit Lime-Produkten behandelt werden. Bienen und Seidenraupen schaffen neue Einkommensmöglichkeiten.

S. 37 *Innovative »Bioforschung« in Europa*

Auch in Europa ist »Bioforschung« eine Erfolgsgeschichte. Eine herausragende Rolle spielt das Forschungsinstitut für Biologischen Landbau FiBL in der Schweiz. Am FiBL arbeiten heute über hundert Forscherinnen und Forscher. Bei meinen vielen Besuchen am FiBL war ich immer wieder von der Vielfalt und vom Innovationspotential der Forschungsansätze überrascht und auch von der ökonomischen Leistungsfähigkeit dieser Strategien. Zwei Beispiele sind:

Induzierte Resistenz: Pflanzen haben ein Immunsystem, das mit bestimmten Signalmolekülen angeregt werden kann; die Pflanzen beginnen dann mit der Abwehr gegen Pathogene. *Salicylsäure* (bekannt als Wirkstoff von Aspirin) ist zum Beispiel ein solches Signalmolekül, das Immunreaktionen auslösen kann. Am FiBL wird ein anderes Signalmolekül erforscht (ein Extrakt des Pilzes *Penicillium chrysogenum*). Die Resultate der Experimente zur induzierten Resistenz sind vielversprechend, zum Beispiel zur Bekämpfung des Mehltaus.

S. 37 *Hummeln als »flying doctors«:* Gegen Graufäule, den schlimmsten Schaderreger bei Erdbeeren, können Bienen und Hummeln helfen: Sie trippeln beim Verlassen ihres Stocks durch ein »Fussbad« mit einem pilzlichen Gegenspieler der Graufäule. Dieser Gegenspieler ist ein harmloser Pilz. Wenn die Bienen oder Hummeln die Blüten bestäuben, breiten sie gleichzeitig den harmlosen Pilz gezielt auf den Blüten aus. Der Pilz besetzt die Blüte und lässt dem Graufäulepilz keinen Platz mehr. Am FiBL in Frick haben Versuche mit Hummeln gute Resultate erbracht.

Andere Stichworte der Forschungsagenda des FiBL lauten: Integrierte Forschung, On-Farm-Forschung, Ausnützen der Biodiversität, eine Forschung, die zum Ziel hat, »die Natur selber den Job machen zu lassen« (s. dazu auch Koechlin, 1999).

Was erlebt die Biene, wenn sie sieht?

S. 49 *Zur Geschichte der umfassenden Biologie*

Ich bat den Theologen und Biologen Günter Altner, emeritierter Professor der Universität Koblenz-Landau, um einen Beitrag zur Geschichte der »umfassenden« Biologie. Er schreibt unter dem Titel »Die Ganzheitsdenker der neueren Biologiegeschichte«: »In der Geschichte der neueren Biologie ist es eigentlich widersprüchlich zugegangen. Als letztes der naturwissenschaftlichen Fächer hinter Physik und Chemie zur Exaktheit drängend, hat die Biologie trotz der Vielfalt ihrer Gegenstandswelten zu monistischen Erklärungsversuchen tendiert. Angestossen durch Ernst Haeckel wurde durch Jahrzehnte der mechanistische Erklärungsansatz traktiert, eben alles auf die Gesetze der Mechanik zurückzuführen. Der Physiker Werner Heisenberg konnte noch 1969 sehr zutreffend anmerken, die Biologen seien von dem irrigen Wunsch beseelt, ›die Bausteine der Chemiker und Biologen, nämlich Atome und Moleküle, als Gegenstände der klassischen Physik zu betrachten, also mit ihnen umzugehen wie mit Steinen und Sandkörnern‹. Durch das Vordringen der Molekulargenetik und Molekularbiologie ›wabert‹ dieser Wunsch bis heute weiter. Da war es fast wie ein ideologischer Zwang, dass viele Biologen die Gegenposition einnahmen und im Namen des Vitalismus geistige Wirkprinzipien postulierten. Blickt man nun unvoreingenommen in die neuere Biologiegeschichte, muss die Fülle der Theorievarianten zwischen den ideologischen Gegenpositionen überraschen: Evolutionstheorie, Ökologie, Ethologie, Physiologie ... Und in jedem dieser Gebiete wurden neue Theorieansätze zur Erklärung des Lebens versucht. Angesichts dieser Situation – monistische Erklärungsversuche auf der einen und Theorienvielfalt auf der anderen Seite – sind die grossen Aussenseiter von Interesse, die das ›Ganze‹ der Biologie durch eigene Denkansätze zu wahren versuchten: Jakob von Uexküll mit seiner Theorie der Merk- und Wirkwelten bei allen lebenden ›Subjekten‹. Konrad Lorenz mit seiner Ethologie als Konsequenz meisterhaft gehandhabter ›Gestaltenwahrnehmung‹. Der Morphologe Adolf Portmann mit seinem Beharren auf der Kategorie der ›Selbstdarstellung‹ bei allen Lebensformen. Und schliesslich James Lovelock mit seiner Interpretation der Erde als Gesamtlebewesen (Gaia-Theorie). Am weitesten trägt wohl der Ansatz von Ludwig von Bertalanffy, der mit seiner ›Theorie der offenen Systeme‹ vom mechanistischen Erklärungsversuch endgültig weg führte und die Geschichte des Lebens als offenen (indeterministischen) Prozess in der Zeit mit immer wieder neu erfolgenden Strukturermöglichungen interpretierte. Eine moderne Version von Darwins genialer Evolutionstheorie! Wer auf dieser Basis Leben interpretiert, muss darauf vorbereitet sein, das Leben – je nach Organisationshöhe – einem verschiedenen Erklärungsansatz zu unterwerfen. Dabei gibt es durchaus quantifizierbare Aspekte. Aber: Es gibt keine durchlaufende Erklärungsmethodik. Je höher organisiert die Lebensformen, desto weicher und ganzheitlicher die Interpretationsansätze. Wie sagte Viktor von Weizsäcker, der Begründer der Psychosomatischen Medizin: ›Um Lebendes zu erforschen, muss man sich am Lebenden beteiligen‹.«

S. 50 *Zum Portmann-Archiv*
Das Portmann-Archiv im Handschriftenarchiv der Universität Basel wird betreut von Roger Alfred Stamm, emeritierter Professor der Universität Lüneburg.

S. 51 *Zur sozialistischen Familie:* Portmann (1974, S. 219)

S. 51 *Zu den Rheinbeschreibungen:* Portmann (1959)

S. 53 *Zur »Innerlichkeit«:* Textzitat: Portmann (2000, S. 74 und 75)
Portmann schreibt (1974, S. 138): »Der Begriff der ›Selbstdarstellung‹ – ein Name für die Tatsache, dass ein lebendiges Wesen, Tier oder Pflanze, nicht nur Stoffwechsel treibt und als ein Gefüge von lebenserhaltenden Strukturen zu erklären ist, sondern dass der Organismus über das blosse Fristen des Lebens hinaus, über alles Notwendige hinaus, eine Form aufbaut, welche das Besondere gerade dieser Art darstellt. Wir müssen erkennen, dass sich die rätselhafte verborgene Innerlichkeit im Äusseren in ihrer Eigenart manifestiert. Die Bezeichnung ›Organismus‹, die uns geläufig ist, verdeckt gerade durch ihren Ursprung aus dem Werkzeugdenken, dass alles Lebendige mehr ist als ein komplex funktionierender Organismus. Das Kopfschütteln über einen so unwissenschaftlichen Begriff wie ›Selbstdarstellung‹ nehme ich hin mit der Gewissheit, dass dies Wort an etwas Vergessenes mahnt und damit ein umfassendes Bild vom Ganzen eines Lebewesens aufbauen hilft.«

S. 53 Portmann weist darauf hin, dass zur Erfassung von »Innerlichkeit« auch andere Formen von Wissen notwendig sind, als dies bisher in der Biologie üblich war. Es sei wie bei einer Theaterbühne, dort gebe es ein Wissen hinter der Bühne und eine Wahrnehmung vom Zuschauerraum aus: Wir könnten hinter die Bühne gehen und dort zum Beispiel untersuchen, wie Töne und Lichteffekte erzeugt werden. Er schreibt (2000, S. 240): »Vor der Bühne aber sehen wir etwas ganz anderes als hinter der Szene. Wir erleben das ›Stück‹, einen sinnvollen Ablauf. Und je weniger wir von der Apparatur hinter der Bühne wissen, desto stärker vermag dieser Ablauf, dieser eigentliche Sinn des Schauspiels, auf den hingegebenen Beschauer zu wirken. Aber ich kann auch diesen Sinn wieder als ergriffen Teilnehmender erfahren oder dieses Geschehen in kühlerer, distanzierter Art wissenschaftlich prüfen, es historisch, psychologisch, soziologisch, philosophisch studieren.«
Auf die Biologie übersetzt heisse dies, so Portmann, dass wir hinter der Bühne feststellen könnten, dass das wunderbare Blau einer Pfauenfeder auf der Struktur der Feder beruhe; das Licht werde so reflektiert, dass die Feder blau schimmere. Das Blau eines Eisenhuts hingegen sei ein echter chemischer Farbstoff. Vor

der Bühne gelte nur eines: die Farbe Blau. Er schreibt: »Denn dieses Blau hat eine Rolle zu spielen, heisst das Stück nun ›Das Liebesleben des Pfauen‹ oder ›Hummel und Eisenhut‹.« Beides sei wichtig, das Wissen hinter und dasjenige vor der Bühne.
Nach Portmann (2000, S. 249) spielt beim Erfassen eines lebendigen Wesens das imaginierend Teilnehmende, das unmittelbar durch die Sinne Wahrnehmende, die sinnliche Anschauung eine grosse Rolle. Goethe ist ihm ein Vorbild, und er schreibt: »Goethe selber charakterisiert seine Forschungsmethode, die er ›gegenständliches Denken‹ nennt: Dass sein Denken sich von den Gegenständen nicht sondere; dass die Elemente der Gegenstände, die Anschauungen in dasselbe eingehen und von ihm auf das innigste durchdrungen werden; dass sein Anschauen selbst ein Denken, sein Denken ein Anschauen ist.«

S. 54 *Zum Hodenabstieg:* Portmann (2000, S. 23)

S. 58 *Zur Einzigartigkeit der menschlichen Entwicklung:* Portmann (2000, S. 60)

S. 58 *Zur Evolutionslehre*
Textzitat: Portmann (2000, S. 67)
Cesana schreibt (uni nova, 1997, Basel): »Die biologische Antwort auf die Frage nach der Stellung des Menschen muss zwei Extreme vermeiden: zum einen das Extrem, Menschen reduktionistisch aus ihrer Herkunft vom Tierischen zu erklären, zum andern das Extrem, das tierische Leben als Kontrastgestalt zum menschlichen Leben zu sehen. Wenn nun aber diese beiden Extrempositionen vermieden werden, dann bleibt die Ausgangsfrage letztlich unentscheidbar. Die Frage nach dem Ursprung des Menschen ist mit wissenschaftlich-biologischen Mitteln nicht beantwortbar.«

S. 62 *Die Eranos-Tagungen*
Der Monte Verità oberhalb von Locarno ist ein magischer Ort; früher trafen sich hier Anarchisten, Pazifistinnen, Nudisten, Bohemiens und Künstlerinnen; heute finden dort Kongresse der ETH Zürich statt. Im Herbst 2003 besuchte ich einen Kongress über Biodiversität. Es gibt ein kleines Museum mit einem Raum, der den Eranos-Tagungen gewidmet ist; neben Portmanns Bild hängen Porträts von Hermann Hesse, C. G. Jung und vielen mehr. Die Eranos-Tagungen hätten zwar nicht auf dem Monte stattgefunden, erklärt uns die Museumsführerin,

sondern im nahe gelegenen Moscia, doch es habe enge Verbindungen zwischen den beiden Institutionen gegeben. Portmann sei über zwanzig Jahre lang Präsident der Eranos-Tagungen gewesen. Er selber schreibt (2000, S. 9): »Manchen Teilnehmenden sind die zehn Tage in der Casa Eranos ein Zentrum des innersten Lebens geworden.«

S. 63 *Molekularbiologie und der Don Quichote der Laboratorien*: Portmann (1974, S. 58)

S. 63 *Der ciba-Kongress und Joseph Muller*

Textzitat: Portmann (1966, S. 343)

Portmann schreibt (Portmann (1974, S. 210): »Joseph Muller, der amerikanische Nobelpreisträger, wies an einer Kundgebung in Chicago darauf hin, wie unverantwortlich es sei, einen Drittel unserer Lebenszeit, wenn nicht mehr, durch Schlaf zu vergeuden. (...) Ich bin ein Freund des Schlafs – dass man dauernde wache Aktivität als das ersehnte Ziel setzen kann, erscheint mir als eine der monströsesten Verirrungen des wissenschaftlichen Geistes. Ich muss aber davon sprechen, nicht weil ich fürchte, dass uns die Abschaffung der Nachtruhe demnächst beschert werden könnte. Die Abwehr gilt vielmehr einer Geistesart, die im Bereich des technisch Machbaren schon genug Unheil angerichtet hat und deren Untaten nur zu oft mit Argumenten der Wissenschaft gerechtfertigt werden.«

Portmann griff dieses Thema in den nächsten Jahren immer wieder auf. Einige Aufsätze aus jener Zeit tragen die Titel: »Die Hoffnung auf Vervollkommnung des Menschen« (1963); »Der planende und der geplante Mensch« (1965); »Umzüchtung des Menschen?« (1966); »Manipulation des Menschen als biologisches Problem« (1968); »Der manipulierte Mensch« (1969); »Experimente am Menschen« (1970); »Planung des Zukunftsmenschen – genetische Planung und Manipulation« (1972).

S. 65 *Adolf Portmann und die Molekularbiologie*

Portmann schreibt (1974, S. 131): »Ich habe es erlebt, wie die Gestaltenforschung allmählich immer entschlossener abgewertet wurde, und zwar nicht, weil man sie für unwichtig oder sachlich nicht berechtigt gehalten hätte, sondern einfach, weil die neuen Gebiete der Molekularbiologie und der Biochemie im Rampenlicht der Beachtung standen und die verfügbaren Mittel aufbrauchten. Es galt, wie leider zu oft, im Bereich der Wissenschaft zu sparen, und die entscheidenden Behörden mussten daher, wie man leichthin sagt, ›Ballast abwerfen‹.«

S. 65 *Portmann im Gespräch mit Heisenberg:* Portmann (2002)

Die Seele der Kuh

S. 76 *»Kühe wissenschaftlich putzen«*

Das Forschungsprojekt wurde von Spengler (2003) und ihrem Team vom Forschungsinstitut für Biologischen Landbau FiBL durchgeführt. Im Jahresbericht 2004 des FiBL steht: »Anet Spengler versuchte in der 60-köpfigen Milchviehherde des Betriebs Gut Rheinau das Verhalten der einzelnen Kühe mit ihrer Krankheitsanfälligkeit in Beziehung zu setzen. Dabei beobachtete sie zusammen mit ihrem Team das Wiederkäuverhalten der Tiere: die Wiederkäuzeit sowie die Häufigkeit und Dauer der Wiederkauperioden pro Tag. Auch die Kieferschläge und die Wiederkäuzeit pro Bissen wurden bei allen Kühen in mehreren Wiederholungen gezählt. Weitere Hinweise auf die Verdauungstätigkeit suchte Spengler in der Kotbeschaffenheit der Einzeltiere.

Einen wichtigen Teil der Arbeit stellte die Beurteilung des Temperaments der Tiere dar. Jede Kuh wurde nach einer Notenskala von 1 (= sehr nervös) bis 5 (= sehr ruhig) beurteilt, und zwar während das Tier mit Striegel und Bürste geputzt wurde. (...)

Zur Beurteilung des Gesundheitszustandes der einzelnen Tiere standen Tierarztrechnungen, Notizen im Stallbuch, Erhebungen der Eutergesundheit, Zellzahlen der Milch und Daten zur Fruchtbarkeit der Tiere zur Verfügung.

Nach dem aktuellen Stand der Auswertung (...) zeigt sich ein Zusammenhang zwischen dem Temperament der Kühe und ihrer Eutergesundheit. Ruhigere Kühe haben eine niedrigere Zellzahl in der Milch, das heisst, ihre Euter sind gesünder. (...) Die übrigen Beobachtungen liessen bisher keine gesicherten Schlüsse zu, führten aber zu interessanten Vermutungen.«

S. 77 *Die Beziehung zwischen Mensch und Tier ist zentral:* Waiblinger und Menke (2002)

S. 78 *»Savoir par cœur«*

Portmann schreibt (2000, S. 282): »Es ist ein wahres ›savoir par cœur‹, das hier gefordert wird, ein Kennen der Welt nicht allein mit den Mitteln des Verstandes. Die so aufgefasste Naturkunde ist eine erregende Kraft, sie schafft durch verborgene Befruchtungen neue bedeutsame Verbindungen und Spannungen im geistigen Leben. Vergessen wir nie: Das liebevolle Kennenlernen der klaren, vielgestaltigen Gebilde um uns bringt unablässig in unser innerstes geistiges Weben die Eindrücke von grossen Ordnungen, weckt das Gefühl für die kaum fassbare Grösse solcher Ordnung (...).«

Die Würde des Eichenblatts

S. 79 *Die Würde der Pflanze – rechtlich*

Artikel 120, Absatz 2 der Schweizerischen Verfassung legt fest, dass der Bund »der Würde der Kreatur« Rechnung trägt.
Der Verfassungsartikel wurde 2003 im »Bundesgesetz über die Gentechnik im Ausserhumanbereich« konkretisiert. Artikel 8, Absatz 1 heisst: »Bei Tieren und Pflanzen darf durch gentechnische Veränderungen des Erbmaterials die Würde der Kreatur nicht missachtet werden. Diese wird namentlich missachtet, wenn artspezifische Eigenschaften, Funktionen und Lebensweisen erheblich beeinträchtigt werden und dies nicht durch überwiegende schutzwürdige Interessen gerechtfertigt ist. Bei der Bewertung der Beeinträchtigung ist dem Unterschied zwischen Tieren und Pflanzen Rechnung zu tragen.«
Im Frühjahr 2004 gelangten die verantwortlichen Bundesbehörden an die Eidgenössische Ethikkommission für Biotechnologie im Ausserhumanbereich (EKAH). Sie wünschten von der Ethikkommission eine vertiefte Analyse der Würde der Pflanze und möglichen Implikationen. Im Auftrag der EKAH verfasste Stöcklin (2004) die Studie »Moderne Konzepte in der Biologie zum Wesen der Pflanze und ihrer Unterscheidung von Tieren«. Ich gehöre dieser Ethikkommission an und führte begleitend zur Studie vier Interviews mit Experten durch (2004).

S. 80 *Die Würde der Pflanze – ethisch*

Ich bat Beat Sitter-Liver, Professor für praktische Philosophie an der Universität Freiburg, Lehrbeauftragter an der ETH Zürich und ebenfalls Mitglied der Ethikkommission EKAH (2005), um einen Beitrag zur »Würde der Kreatur«. Er schreibt: »Mit dem Begriff ›Würde der Pflanze‹ wollen wir einer neuen Einsicht, einer erweiterten moralischen Grundhaltung und damit einer ethischen Errungenschaft Ausdruck verleihen. Im Grunde genommen ist es nicht wichtig, ob wir dafür das Wort ›Würde‹ oder einen anderen Ausdruck wählen. Allerdings kommen die Geschichte von ›Würde‹ und die Assoziationen, die sich mit diesem Wort verbinden, unserem Anliegen entgegen.

S. 80 Worum es geht: Wir erfahren Anderes neu und tiefer in dem, was es von sich aus ist, was es als es selber für uns bedeuten kann. Dieses Andere mutet uns zunächst fremd an, es ist uns indessen in wichtiger Hinsicht auch schon vertraut: Es ist ein Lebewesen, ein Wesen, welches ein eigenes Gutes besitzt, dem aber etwas auch abträglich sein kann – das für es Schlechte. Beobachtung lehrt uns, dass dieses Andere – nicht gleich, aber ähnlich wie wir – sich durch ›Gebürtigkeit‹ auszeichnet. Zwar zögern wir, bei Pflanzen von Gebürtigkeit zu sprechen; doch auch die einzelne Pflanze entsteht aus etwas Anderem, sie entwickelt sich, sie durchläuft einen existentiellen Zyklus, in welchem Entfaltung zu einer besonderen Höhe (zu einem individuellen Ziel) über Vergehen ins Wegsterben mündet. Wir stehen einem Wesen gegenüber, das lebt, das als dieser besondere Prozess nicht auf Grund der Macht von Menschen existiert, auch wenn solche Macht es prägen, ihm helfend beistehen oder es schädigen mag. Als ein in diesem Sinne eigenständiges Lebewesen trägt es einen Wert in sich selber, einen Eigenwert. Mit diesem Ausdruck weisen wir auf etwas hin, das das Wesen des Anderen mit ausmacht und dieses darum als im Grunde seines Daseins von uns unabhängig deklariert.

Der Ausdruck ›Würde‹ trug zunächst soziale Bedeutung. Auch wir brauchen das Wort immer noch, um Achtung gebietenden Wert auszudrücken, welcher einem besonderen uns gegenüber stehenden Menschen kraft seiner Fähigkeiten oder seiner Funktionen, seines daraus entspringenden sozialen Status zukommt. Doch haben wir längst gelernt, mit dem Wort auch das Einzigartige und höchst Wertvolle eines jeden menschlichen Wesens zur Sprache zu bringen – das eben, was jeder und jedem eine gewisse Unverfügbarkeit, ja Unantastbarkeit verbürgt.

Der lateinische Ausdruck *dignitas humana,* dem das deutsche ›Würde‹ entspricht, findet sich schon bei Cicero, bedeutet dort vor allem des Menschen Vernünftigkeit und edle Bildung. Die christliche Lehre bindet den Begriff ›Würde‹ besonders an die Gottebenbildlichkeit.

Die Frage stellt sich, ob angesichts solcher Quellen die Übertragung (Metapher) des Ausdrucks ›Würde‹ vom Menschen auf andere Lebewesen noch angemessen sei. Gehe ich davon aus, dass nichtmenschliche Lebewesen blosse Sachen sind, eine Art lebender Maschinen, ausschliesslich zur Befriedigung meiner Interessen gedacht, dann erscheint die Übertragung als absurd, sie ist nicht nachvollziehbar. Wenn ich aber Lebewesen nicht nur als etwas Verfügbares betrachte, sondern als etwas, das in seinem Dasein ein eigenes, von mir nicht abhängiges Gutes besitzt, dann lässt sich die Metapher mit guten Gründen vertreten.«

S. 83 *Weitere Abwehrstrategien von Pflanzen*

Turlings zählt Abwehrmechanismen der Pflanzen auf:

– Sie produzieren Antibiotika und chemische Toxine gegen Pathogene.

– Sie produzieren Phytoalexine.

– Sie produzieren flüchtige Substanzen, die Feinde der Herbivoren, z.B. Schlupfwespen, Florfliegen oder Ameisen, herbeilokken.

– Sie produzieren Dornen und Stacheln. Einige Pflanzen, z.B. Akazien, können zwischen sehr starker physischer Abwehr oder schwacher Abwehr auswählen. Wenn sie erkennen, dass das Risiko eines Angriffs gross ist, bilden sie längere und härtere Dornen. Einige Arten von Akazien bilden lange, hohle Dornen, in denen Ameisen leben, die die Pflanzen verteidigen.

– Sie bilden extrafloralen Nektar. Normalerweise produzieren Pflanzen Nektar in den Blüten, so werden bestäubende Insekten angezogen. Verschiedene Pflanzenarten bilden auch in andern Strukturen Nektar, um Feinde von Herbivoren anzuziehen. Dies kennt man bei Akazien, bei Baumwolle und mehreren Bohnenarten. Damit werden Ameisen, Schlupfwespen oder weitere Nützlinge angezogen.

– Nekrosis: Um die Infektionsstelle lässt die Pflanze ihre Zellen absterben, so dass sich das Pathogen nicht ausbreiten kann. Das kann bei Pilzkrankheiten passieren, oder wenn Insekten Eier in die Pflanzen ablegen.

S. 86 *Pflanzen lernen und erinnern sich; sind Pflanzen intelligent?*

Trewavas schreibt (2004): »Lernen (Versuch und Irrtum) ist essentiell wichtig, weil die Umgebung der Pflanze, in der sie ihre Ressourcen sucht, unvorhersehbar und einzigartig komplex ist. Herbivoren, Störungen, Parasiten, (...), konkurrenzierende Nachbarn und viele (...) andere Faktoren können sich von Minute zu Minute ändern. Die individuelle Pflanze muss eine dem entgegenwirkende Antwort konstruieren, um die Gefahren abzuwehren und um die Vorteile zu nutzen, damit sie eine (...) optimale Fitness erreicht. So müssen Wurzelsysteme die Signale Bodenhärte, Steine, Lichteinwirkung, Temperatur, Invertebraten, die polarisierte Verteilung von Wasser, Kalzium und Nitrat, das Vorhandensein von Gasen wie Kohlendioxid oder sogar Stickoxid zusammen mit vielen internen Signalen zu nötigen Entscheidungen über Wurzelwachstum und Richtung integrieren.«

S. 88 *Pflanzen und Immunsystem*

Eine weitere Übereinstimmung zwischen Tieren und Pflanzen: Beide haben ein Immunsystem, um Pathogene abzuwehren. Bei höheren Tieren besteht das Immunsystem aus zwei Komplexen, dem ›acquired immune system‹ (acquired: erworben) und dem ›innate immune system‹ (innate: angeboren). Pflanzen, so ergaben neuere Studien von Thomas Boller an der Universität Basel, haben ein ›innate immune system‹. Boller sagt 2004 in einem Interview: »Wir sehen nun plötzlich die Parallelität bei Pflanzen und Tieren; man kann also vom Immunsystem der Pflanzen reden und langsam die Anführungszeichen verschwinden lassen.«

S. 89 *Die Evolution spielt eine zentrale Rolle*

Stöcklin schreibt (2004, S. 4): »Tiere und Pflanzen sind mehrzellige Eukaryoten. Der Unterschied zwischen Prokaryoten und Eukaryoten ist grundlegender als derjenige zwischen Pflanzen und Tieren. Prokaryoten sind Einzeller, die noch keinen echten Zellkern besitzen. Sie leben seit 3,5 Milliarden Jahren auf der Erde. Im Verlauf der Evolution der Prokaryoten entstanden alle grundlegenden Ernährungsformen und Stoffwechselwege, die auch bei Eukaryoten vorkommen. Die Evolution der eukaryotischen Zelle vor ca. 1,5 Milliarden Jahren war ein Durchbruch in der Geschichte des Lebens und führte zu einer enormen Zunahme der Biodiversität.

Erdgeschichtlich betrachtet sind Pflanzen und Tiere junge Organismen, die vor dem Hintergrund einer fast 3 Milliarden

Jahre dauernden Evolution prokaryotischer und einzelliger eukaryotischer Lebensformen entstanden sind. Die höheren Pflanzen entstanden vor ca. 400 Millionen Jahren, die heute existierenden Tierstämme vor ungefähr 500 Millionen Jahren. Die Kontinuität des Lebens äussert sich im universellen Charakter des genetischen Codes, der für alle Organismen identisch ist.

S. 89 Die meisten Strukturen, Prozesse und die Komplexität pflanzlicher und tierischer Zellen unterscheiden sich kaum. Pflanzenzellen enthalten zusätzlich Chloroplasten, die mittels der Photosynthese Sonnenlicht in chemische Energie umwandeln. Tierischen Zellen fehlt die für Pflanzenzellen typische Zellwand. Bei Pflanzen und Tieren steht das Cytoplasma der Einzelzellen miteinander in Verbindung, die Zellen kommunizieren und bilden so die höheren Struktur- und Funktionseinheiten vielzelliger Organismen.«

S. 89 *Unterschiede zwischen Pflanzen und Tieren*
Bernhard Schmid, Leiter des Instituts für Umweltwissenschaft an der Universität Zürich, sagt 2004 in einem Interview: »Tiere können dank ihrem kognitiven System flexibel reagieren. Pflanzen tun dies mit ihrer biochemischen, physiologischen, morphologischen und architektonischen Plastizität. Diese phänotypische Plastizität zeichnet Pflanzen gegenüber Tieren aus. Das ist eigentlich das spezielle Merkmal der Pflanzen. Für die Ressourcenaufnahme ist dies extrem wichtig, weil Pflanzen nicht irgendwohin laufen können und ihre Nahrung nicht in kompakten Portionen aufnehmen. Pflanzen nehmen ihre Nahrung diffus auf, darum müssen sie ständig wachsen und ihre grosse Oberfläche optimal plazieren, um möglichst viel Licht und Wasser aufnehmen zu können.«

S. 90 *Die Pflanze als Ganzes als Gehirn:* Diese These stammt von Narby (2005).

Von gärtnernden Fischen und smarten Schleimschimmeln

S. 99 *Zum Begriff Intelligenz*
Ziegler und Heller schreiben (2002): »Trotz intensiver Bemühungen auf dem Gebiet der Intelligenzforschung gibt es bis heute keine verbindliche, allgemein akzeptierte Definition von

Intelligenz. Zu Beginn des 20. Jahrhunderts definierte William Stern Intelligenz als Fähigkeit zur Anpassung an unbekannte Situationen bzw zur Lösung neuer Probleme. Eine pragmatisch-operationale Definition legte Boring vor, der Intelligenz als das festsetzte, was ein Intelligenztest misst (Intelligenzquotient). Heute wird Intelligenz zumeist als theoretisches, nur mittelbar erschliessbares Konstrukt behandelt.«

S. 99 In den achtziger Jahren kamen Intelligenzmodelle auf, die an Stelle einer globalen, unspezifischen Intelligenz das Vorhandensein von mehreren gleichberechtigten Intelligenzen voraussetzten.

So postulierte Gardner (1993) »den Abschied vom IQ« und stellte eine »Theorie der vielfachen Intelligenzen« auf. Nach Gardner gebrauchen Menschen mindestens sieben relativ autonome intelligente Kapazitäten, um damit Probleme anzugehen und Dinge zu produzieren.

Die sieben Intelligenzbereiche sind:

– sprachliche Intelligenz (Sensitivität gegenüber Wortbedeutungen oder sprachlichen Gedächtnisleistungen)

– logisch-mathematische Intelligenz (formallogische und mathematische Denkfähigkeit)

– räumliche Intelligenz (Raumwahrnehmung, -vorstellung und räumliches Denken)

– musikalische Intelligenz (nicht nur das Komponieren von Liedern oder das Spielen eines Instruments, sondern vielfältige künstlerische Kompetenzen, was auch emotionale Aspekte einschliesst)

– körperlich-kinästhetische Intelligenz (körperliche Geschicklichkeit und Bewegungskompetenzen)

– intrapersonale Intelligenz (Sensibilität gegenüber der eigenen Empfindungswelt)

– interpersonale Intelligenz (differenzierte Wahrnehmung anderer Personen, soziale Intelligenz).

Gardner bemerkt, dass diese Intelligenzen relativ autonom voneinander sind, jedoch selten in Isolation operieren: »Jedes normale Individuum besitzt verschiedene Grade jeder dieser Intelligenzen, aber die Art und Weise, wie diese Intelligenzen miteinander kombinieren und ineinander übergehen, sind so verschieden wie die Gesichter und die Persönlichkeiten von Individuen.«

Eine entscheidende Erkenntnis der heutigen Kognitionsforschung ist, dass Intelligenz untrennbar mit der Umwelt und mit Emotionen zusammenhängt. Wir sammeln und selektionieren fortlaufend Eindrücke und Informationen aus der Aussenwelt, wir interpretieren sie und schaffen aus ihnen ein Bild von der Welt um uns herum. Diese Erfahrungen wiederum bestimmen, welche Entscheidungen wir in bestimmten Situationen fällen. Dabei tragen Emotionen wesentlich dazu bei, aus zahlreichen möglichen Entscheidungen die im Moment richtige auszuwählen. Gefühle spielen in allen Bereichen der Intelligenz offenbar eine weit stärkere Rolle, als bisher angenommen wurde.

S. 100 *Intelligente Hunde:* Kaminsky (2004)

S. 101 *Intelligente Fische:* Brown (2004)

S. 102 *Intelligente Schleimschimmel:* Nakagaki et al. (2000)

S. 102 *Zum Labyrinthversuch mit dem Schleimschimmel:*
Das Video erhielt ich von Narby (2005). Er besuchte Nakagaki in seinem Labor in Japan. Von ihm erhielt ich auch ein Labyrinth ausgeliehen.

S. 104 *Die Roboterautos*
Im März 2004 veranstaltete die DARPA – die Forschungsagentur des US-amerikanischen Pentagons – ein Wettrennen für Roboterautos. 15 Teams nahmen teil. Die Strecke führte 142 Meilen durch die Wüste. Marquardt schreibt (WDR, 2004): »Zur Orientierung erhielten die Fahrzeuge kurz vor dem Start 2000 GPS-Wegpunkte, die die grobe Richtung vorgaben. Zwischen den Wegpunkten mussten die Fahrzeuge jedoch allein klarkommen, mussten selbständig Wege und Strassen erkennen und Hindernissen ausweichen. Sämtliche Fahrzeuge verfügten über eine ganze Reihe von Sensoren, mit deren Hilfe sich die Computer ihr Bild von der Umwelt machten: Mit rotierenden Lasern, Radar und Videokameras tasteten die Sensoren die Rennstrecke ab. Diverse Computerprogramme werteten diese Datenflut aus. (...) Doch keinem einzigen Team gelang es, weiter als sieben Meilen zu fahren, die meisten scheiterten bereits viel früher.«

Die Roboterautos besitzen viele Fähigkeiten in bezug auf »Fahren in schwierigem Gelände«. Doch von einer umfassenden Interaktion mit ihrer Umwelt sind sie weit entfernt.

Gelernter, Computerwissenschaftler an der Yale-Universität

(2002), sieht bei der emotionalen Komponente der Intelligenz eines der Hauptprobleme der heutigen Forschung an der ›künstlichen Intelligenz‹: »Maschinenintelligenz wird nie erreichbar sein, wenn der Computer nicht das volle kognitive Spektrum, darunter auch Gefühle, Träume und die Nuancen von Berührung und Empfindung, nachvollziehen kann.«

S. 108 *Zur wissenschaftlichen Metapher:* Fox Keller (2002, S. 118)

Wie wissen Schamanen, was sie wissen?

S. 111 *»Die kosmische Schlange«:* Narby (1998)

S. 112 *Die Molekularbiologin, die die Schamanen besuchte:* Pia Malnoe von der Eidgenössischen Forschungsanstalt Changins

S. 114 *Zur Geschichte der Schamanen:* Narby (1998, 2001)

S. 119 *Ausführungen von Lévi-Strauss:* Lévi-Strauss (2001)

S. 121 *Geister und »verdrehte Sprache«*

Townsley schreibt (2001): »Das zentrale Bild, welches das ganze Feld des Schamanen-Wissens der Yaminahua dominiert, ist dasjenige von *yoshi* – dem Geist oder der animierten Essenz. Im Denken der Yaminahua sind alle Dinge dieser Welt von *yoshi* animiert und erhalten von ihr ihre jeweiligen Qualitäten. Das Wissen der Schamanen ist vor allem das Wissen dieser Ganzheiten. Sie sind auch die Quelle aller Mächte, die der Schamanismus für sich reklamiert.

Alles auf dem Gebiet der *yoshi* ist durch extreme Ambivalenz gekennzeichnet – nicht nur für den Beobachter von aussen, sondern auch für die Yaminahua selber. Für die meisten Yaminahua sind diese Dinge mit der Nacht, dem Halbgesehenen und den Träumen verbunden. Sie werden angerufen, um Ereignisse zu erklären, die unheimlich, fremd oder zufällig erscheinen. Doch ihre Bedeutung geht weit über das hinaus; sie sind in allen lebenswichtigen Fragen um die menschliche Existenz mit involviert: Geburt, Wachstum, Krankheit und Tod.

Denn auch Menschen sind von *Yoshi* animiert und bewohnt. Es sind Wesen genau wie andere Lebensessenzen, die im Körper während des Lebens heranwachsen und dann schliesslich den Tod verursachen, indem sie den Körper verlassen und ins Land der Toten reisen.

Das Verhältnis von *yoshi* zum Körper ist fragil. Man sagt, *yoshi* wandert herum und wird von anderen *yoshi* beeinflusst. Es sind diese Einflüsse, mit denen alle Krankheiten erklärt werden. Das ist das Gebiet der Schamanen.

S. 121 Die wichtigsten Parameter des Schamanen-Wissens werden deshalb um diese höchst ambivalente Beziehung zwischen animierter Essenz und den Körpern geformt. Die Quelle der Ambivalenz besteht darin, dass die *yoshi* sehr stark ein Teil der Natur sind sowie auch der Körper, die sie animieren, dass sie aber gleichzeitig weit jenseits von ihnen sind, in einer Sphäre, wo selbst die *yoshi* von Bäumen und Insekten ein intelligentes und willentliches Leben leben. (...)

Die Gesänge der Schamanen – die *Koshuiti* – haben, so die Überzeugung – reale Wirkung. Ihre Sprache besteht aus metaphorischen Umkreisungen oder ungewöhnlichen Worten für gewöhnliche Dinge, die entweder archaisch sind oder von benachbarten Sprachen ausgeliehen wurden. Jeder Gesang wird durch eine Kernkonstellation dieser Metaphern definiert. Die Gesänge haben keine fixierten oder unveränderlichen Texte. Sie können aber minimal fixierte narrative Metaphersequenzen und Bilder haben, vor allem bei Gesängen, die von Mythen konstruiert sind. Darüber hinaus wird die aktuelle Performance des Gesangs durch das Geschick, die Absichten und die visuelle Erfahrung des Schamanen, der den Gesang singt, bestimmt. (...)

Doch alle sagen, dass die Gesänge letztendlich überhaupt nicht von ihnen kreiert oder besessen werden, sondern von den *yoshis* selber. Diese ›zeigen‹ oder ›geben‹ ihre Gesänge, mit ihren begleitenden Mächten, nur denjenigen Schamanen, die gut genug sind, sie zu ›empfangen‹.«

Townsley weiter: »Die Schamanen sind sich der tieferen Bedeutung ihrer *Koshuiti*-Metaphern bewusst; sie nennen sie auch *tsai yoshtoyoshto* – ›verdrehte Sprache‹ (wörtlich: Sprache verdreht verdreht). Aber warum wird diese ›verdrehte Sprache‹ überhaupt angewendet? Alle Erklärungen zeigen deutlich, dass sie mit einer Klarheit der visionären Erfahrung einhergeht, die die Gesänge kreieren sollten.«

S. 131 Aus: *Adolf Portmanns frühe Studien mariner Lebewesen,* Schwabe Verlag, 1997.

In der Biologie ergibt eins und eins nicht immer zwei

S. 141 *»Jahrhundert des Gens«*
Fox Keller prägte diesen Ausdruck; es ist der Titel ihres 2001 erschienenen Buchs.

S. 145 *Kritik am Gendogma*
Tappeser und Kollek waren nicht allein mit ihrer Kritik am Gendogma. Schon Ende der achtziger Jahre gab es viele wissenschaftliche Befunde, die das Gendogma widerlegten. So waren bereits über 200 Studien publiziert, die aufzeigten, dass ein Gen für mehrere Proteine codieren kann (sog. »alternative splicing«). (Commoner, 2002)

S. 148 *Gene und Umwelt*
Strohman schreibt (2003): »Alle komplexen Eigenschaften (zum Beispiel Intelligenz, Aggressivität oder Krebs) haben irgendeine genetische Grundlage. Doch diese Grundlage ist so polygenetisch (...), dass für die ›genetische Grundlage‹ wenig praktische Bedeutung übrigbleibt. Zum Beispiel gibt es sicher eine genetische Grundlage, um französisch zu sprechen, aber die Bedeutung dieser Aussage geht nicht über die Idee hinaus, dass es eine genetische Grundlage für den Menschen selber gibt. Um irgendeine Sprache zu sprechen, brauchen wir das, was menschliches Erbgut genannt wird (von dem es so viele Varianten wie Menschen gibt) (...). Doch während diese Gene *nötig* sind, um französisch zu sprechen, so sind sie nicht *genügend.* Wir benötigen auch eine geeignete Umgebung, einen geeigneten Körper und entsprechende Erfahrungen, und alle diese Faktoren liefern Informationen, die nicht im Genom enthalten sind.«

S. 148 *Was ist ein Gen?*
Gemäss dem Gendogma ist ein Gen ein Abschnitt auf dem DNA-Faden, das die Bauanleitung für ein einzelnes Protein enthält. Auf einem DNA-Faden sind also viele Gene aufgereiht.
Aus heutiger Sicht stimmt diese Definition nicht mehr: Ein Gen ist keine definierte Einheit der DNA, sondern eine Abfolge von DNA-Sequenzen, die sich neu kombinieren können und die mit andern Gensequenzen in ihrer Umgebung interagieren. Es gibt Gene, die codieren sehr viele verschiedene Proteine, je nachdem, in welcher Umgebung sie sind oder in welchem Entwicklungszustand das Lebewesen ist. Manche Gene sind gar

nicht aktiv (sogenannte Pseudogene). Es gibt auch Gene, die zerstückelt sind und sich auf mehrere Stellen im Erbgut verteilen. Im Grunde genommen verflüchtigt sich der Begriff des Gens immer mehr. Er ist eigentlich nur ein Arbeitsbegriff im umgangssprachlichen Jargon, ohne dass eindeutig bestimmbar ist, was damit gemeint ist. (Vgl. Kollek, 1996)

S. 149 *Die Anzahl menschlicher Gene*

Drei Jahre später, im Herbst 2004 also, kommt es nochmals zu einer markanten Revision: Das menschliche Genom enthält nur 25 000 Gene und nicht 30 000 bis 40 000, wie dies im Jahr 2001 postuliert wurde. (She, 2004)

S. 150 *Zur Epigenetik*

Robin Holliday definierte Epigenetik in einem erweiterten, philosophischen Sinn (1990): »Die klassische Genetik hat die Mechanismen aufgezeigt, wie die Gene von Generation zu Generation weitergegeben werden, doch die Strategie der Gene in der Entfaltung des Entwicklungsprogramms bleibt im dunkeln. Epigenetik beinhaltet das Studium der Mechanismen, die eine zeitliche und räumliche Kontrolle über all jene Gene verleihen, die für die Entwicklung eines komplexen Lebewesens von der Eizelle bis zum Erwachsenen nötig sind. Epigenetik bildet als solche die Basis für eine Ebene der organisatorischen Kontrolle über dem Genom; eine Ebene, die nun gut etabliert ist, die sich aber weiterhin klarer theoretischer Einsicht entzieht.«

Neuere Definitionen fassen den Begriff Epigenetik enger, um damit die molekularbiologischen Prozesse besser zu beschreiben: Epigenetik umfasst alle Mechanismen, die Aktivitäten der Gene regeln oder die Informationen von Genen nach dem Ablesen verändern können. Epigenetische Änderungen der Genexpression sind stabil; sie können auch vererbt werden. Es ist aber möglich, sie wieder rückgängig zu machen.

Strohman schreibt (2001): »DNA wurde von einigen Wissenschaftlern ›das Buch des Lebens‹ genannt, doch viele andere Biologen betrachten DNA als eine einfache, zufällige Ansammlung von Wörtern, aus denen eine bedeutungsvolle Lebensgeschichte zusammengesetzt werden kann. Um diese bedeutungsvolle Geschichte zusammenzustellen, gebraucht die lebende Zelle ein zweites Informationssystem. Es ist ›dynamisch‹, weil es Veränderungen in Produkten über die Zeit reguliert, und es ist ›epigenetisch‹, weil es in bezug auf den Organisationsgrad über der Ebene der Gene liegt. Das Schlüsselkonzept ist hier, dass diese dynamisch-epigenetischen Netzwerke ein Leben für sich haben – sie folgen Netzwerkregeln, die nicht durch die DNA spezifiziert sind. Und wir verstehen diese Regeln nicht sehr gut.« Epigenetik sei die historische Alternative zum genetischen Determinismus. Epigenetik fokussiere auf das Studium der Prozesse und nicht der Objekte. Beides sei nötig, betont Strohman; Epigenetik und Genetik seien komplementär ineinander verzahnt.

Die Molekularbiologin McClintock, die mobile genetische Elemente beschrieben hat, lange bevor die »springenden Gene« entdeckt wurden, und die dafür den Nobelpreis erhielt, schreibt (1984): »Wir kennen nun die Komponenten der Genome (...), wir wissen aber nichts darüber, wie die Zelle eine Gefahr spürt und darauf Antworten initiiert, die oft wahrhaft erstaunlich sind.«

S. 151 *Epigenetische Mechanismen zur Regulierung der Genexpression*

Mehrere Molekülgruppen sind bekannt, die Gene an- oder abschalten können:

– Methylgruppen (oder Methylmarker) legen Gene still, wenn sie an spezifische Stellen angehängt werden.

– Bestimmte Proteine können die Informationsübertragung der Gene hemmen.

– Kleine Botenstoffe der DNA können Gene regulieren, sie an- und abschalten, ihre Aktivitäten kontrollieren. Diese Botenstoffe heissen RNA (Ribonukleinsäure). RNA wurden lange Zeit nur als passive Moleküle betrachtet, die die Information der DNA (also der Gene) im Zellkern zu den »Proteinfabriken« im Zellplasma übertragen. Ihre zentrale Rolle bei der Genregulierung ist erst seit kurzem bekannt.

Die Gene werden dabei nicht einfach an- oder abgeschaltet; sie sind kontinuierlich und variabel regulierbar wie verstellbare Dimmschalter bei einer Lichtquelle.

Epigenetische Mechanismen zur Veränderung der Geninformation (nach dem Ablesen)

Aus einem Gen können dank dem »alternativen Spleissen« (alternative splicing) verschiedene Proteinvarianten entstehen: Die DNA-Sequenz wird zuerst in Boten-RNA übersetzt. Eine spezialisierte Proteingruppe und einige kleine RNA-Moleküle – das sogenannte »Spliceosom« – reihen sich entlang der Boten-RNA an und schneiden verschiedene Segmente aus. Diese werden dann neu »zusammengeklebt« oder gespleisst. Aus einem Gen entstehen auf diese Weise verschiedene Proteine.

S. 152 *Gen des Innenohrs:* Commoner (2002)

S. 153 *»Du bist, was deine Mutter isst«:* Cohen (2003)

S. 154 *Jean-Baptiste Lamarck und die Evolution*

Lamarck postulierte, dass erworbene Eigenschaften vererbt werden können, so wie beim Beispiel der Giraffe. Danach brachten Gregor Mendels Vererbungsregeln Lamarcks Konzept zu Fall: Einzig die Gene, und nicht etwa äussere Einflüsse, seien für die Vererbung massgeblich. Die Evolution – so schreibt Charles Darwin etwas später – sei das Resultat natürlicher Selektionen rein zufälliger Mutationen. Wenn also ein Säugetier per Zufall mit einem längeren Hals auf die Welt kam, hatte dieses Tier im Konkurrenzkampf ums Überleben eine bessere Chance und konnte sich eher fortpflanzen. Daraus entstand als Zufallsprodukt die Giraffe. Lamarcks Thesen galten lange Zeit als Beispiel eines wissenschaftlichen Irrweges; heute werden sie teilweise rehabilitiert.

S. 154 *Die Studie der unterschiedlich farbigen Mäuse*

Jirtle und sein Team von der Duke-Universität in den USA (Waterland und Jirtle, 2003) vermuten, dass das Agouti-Gen, das für die Fellfarbe mitverantwortlich ist, teilweise stillgelegt wurde, weil durch die Diätzusatzstoffe vermehrt chemische Methylgruppen an das Agouti-Gen andockten. Ein »abgeschaltetes« Agouti-Gen führt zu dunkelbraunen Mäusekindern.

Doch wie kommen die Methylgruppen, die in der Zusatzdiät reichlich vorhanden sind, an das Agouti-Gen? Wie also kann sich eine Diät direkt auf ein Gen auswirken? Bislang gibt es erst Vermutungen: Ein Modell besagt, dass »springende Gene« (sogenannte Transposons) die Methylierung von Genen mitbestimmen. Transposons sind mobile Gensequenzen, die im ganzen Erbgut verteilt sind. Sie machen beim Menschen etwa 30 Prozent des Erbguts aus. Die meisten Transposons sind ihrerseits durch Methylierungen stillgelegt; einige jedoch sind metastabil (nicht ganz stabil). Diese metastabilen Transposons könnten anfällig sein für Diät oder Umweltstress. Sie könnten dann Methylmarker an Gene anhängen oder entfernen, und dieses geänderte Methylierungsmuster könnte auch an die Nachkommen weitervererbt werden.

S. 155 *Die Umwelt beeinflusst Gene*

Strohman sagt 2004 im Interview: »Epigenetische Systeme bilden die Brücke zwischen dem Erbgut und dem Phänotyp (Gesamtheit der Erscheinung und des Verhaltens). Sie sind wirklich Sensorsysteme, die gegenüber der Umwelt offen sind. Sie ›erspüren‹ Änderungen in der Umwelt des Lebewesens. Sie nehmen diese Informationen auf und übersetzen sie in Signale, die ins Genom gespeist werden. Lebewesen könnten mit solchen Änderungen der genetischen Expressionsmuster einen Ausweg aus Umweltproblemen finden oder effizienter auf solche reagieren, was ihre Überlebenschancen erhöht.

Epigenetik macht also aus der Lebewesen-Umwelt-Beziehung eine Einheit. Epigenetik ist ein komplexer, nichtlinearer, offener Regelapparat, der das Genom mit der Aussenwelt verbindet. Lebewesen und Umwelt sind ein einziges System. Richard Lewontin erklärte dies so: ›Es gibt keine Lebewesen ohne Umwelt, und es gibt praktisch keine Umwelten ohne Lebewesen.‹ Man kann diese beiden nicht separieren – sie hängen zutiefst voneinander ab.«

S. 158 *Das Erbgut von Pflanzen ist flüssig oder plastisch*

Heute sind verschiedene Prozesse bekannt, die bei Pflanzen und Tieren zu einer Flexibilität des Erbguts führen können, innerhalb bestimmter Grenzen. Da sind zum Beispiel die »springenden Gene« – oder Transposons. Sie codieren für Enzyme (Rekombinasen und Integrasen), die DNA-Stücke herausschneiden und an anderer Stelle wieder einsetzen. Bestimmte Transposons (replikative Transposons) können sich auch vielfach multiplizieren und sich im ganzen Erbgut verteilen. Meistens sind Transposons im Erbgut integriert und bewegen sich nicht. In bestimmten Situationen können sie wieder mobil werden und im Erbgut »herumspringen«, ganze DNA-Sequenzen herausschneiden oder sich vermehren. Das kann bei Pflanzen zu »genetischer Fettsucht« (genetic obesity) führen.

US-Forscher Price und sein Team (1996) zeigten, dass die Lichtqualität und -quantität einen Einfluss auf die Grösse des Genoms haben können. Sonnenblumen, die bei Licht mit hohem Infrarotanteil aufwuchsen, hatten ein kleineres Erbgut als solche, die in normalem Licht aufwuchsen. Die Gruppe vermutet, dass die Pflanzen mit der Anpassung des DNA-Gehalts Schatten »vorausplanend« vermeiden können, was ihnen im Konkurrenzkampf um Licht einen Vorteil bringt.

Ceccarelli und seine Gruppe (2002) untersuchten den Einfluss von Temperatur auf die Genomgrösse des Grases Rohrschwingel *(Dasypyrum villosum).* Vor allem während der Keimung ist die Temperatur von grosser Bedeutung: Samen, die bei 30 Grad Celsius keimten, hatten einen signifikant höheren Anteil gewisser Gene (Feuglen-DNA) als solche, die bei 10 Grad Celsius keimten. Das belege, schreiben die Forscher, dass es »flüssige Domänen« innerhalb des Erbgutes gebe, die sich rasch verändern und so direkt auf Umwelteinflüsse antworten können.

S. 158 *Die Umwelt beeinflusst Gene – weitere Beispiele*

Der Einfluss der Umwelt auf Gene könnte eine Erklärung für den mysteriösen »Grossmuttereffekt« liefern: In Holland brachten Frauen, die in der Nachkriegszeit an Hunger litten, kleinere Babys zur Welt. Merkwürdig war, dass diese Kinder ihrerseits kleinere Kinder bekamen – so als würde der Einfluss der Hungerzeit auf spätere Generationen weitervererbt.

Römer und sein Team (1997) hatten beobachtet, dass bei geklonten Mäusen epigenetische Effekte mit im Spiel waren: Die geklonten Mäuse in ihren Labors waren immer sehr klein, und sie paarten sich kaum noch. Ihre Mäusekinder waren ebenfalls zu klein, und sie waren ebenfalls »Sexmuffel«. Das Team fand zwei Gene, die nach dem Klonen »abgeschaltet« blieben. Beide Gene codieren für Proteine, die für die Fortpflanzung wichtig sind. Die beiden Gene waren auch bei den nachfolgenden Generationen abgeschaltet. So als würden sich die Gene an den durch das Klonen verursachten Brachialeingriff auf Zellebene »erinnern«.

Agrawal und sein Team (2002) untersuchten den Einfluss der Umwelt auf wilden Rettich: Rettichpflanzen, die Anfang Saison von pflanzenfressenden Insekten befallen wurden, produzierten Nachkommen, die gegen diese Schaderreger resistenter waren als die Nachkommen von unbeschädigten Pflanzen. Er vermutet, dass epigenetische Effekte eine Rolle spielen. Die durch Schaderreger erzeugte Stresssituation könnte sich auf die Gene der Nachkommen ausgewirkt haben. Die Umgebung der mütterlichen Generation könnte die Aktivierung von Genen verursacht haben, die auch bei den Nachkommen aktiviert blieben und so zu einer erhöhten Resistenz gegen Schädlinge führten.

S. 158 Ich sprach im Februar 2005 mit dem Bauern und Permakulturexperten Sepp Holzer. Nach seiner Auffassung stammt das beste Saatgut von Pflanzen, die auf den schlechtesten Böden wachsen und darum am stärksten werden und diese Vitalität auch an die Nachkommen weitergeben. In den Fachbüchern stehe, dass die grössten Pflanzen von den besten Standorten das beste Saatgut gäben. Doch das sei falsch. »Diese Pflanzen werden intensiv gedüngt und gespritzt, das sind süchtige und abhängige Pflanzen. Die mag ich nicht. Ich möchte Saatgut von einer Pflanze, die auf dem kargsten Boden gerade noch Saatgut hervorbringt; diese Körnchen sind die besten, da ist Energie drin, die bauen auf«, sagt Holzer.

S. 159 *Paradigmawechsel in der Molekularbiologie?*

Kuhn, Philosoph und Wissenschaftshistoriker an der Universität Princeton, war in seinem bereits 1962 erschienenen, äusserst bemerkenswerten Buch »The Structure of Scientific Revolutions« der Frage nachgegangen, wie es in der Physik zu einem Paradigmawechsel kommt, wie also ein Denkmodell oder Paradigma, das eine Epoche kennzeichnet, gestürzt und durch ein neues ersetzt wird. Ein Paradigma beinhaltet ein System von Überzeugungen, mit deren Hilfe die Wissenschaftsgemeinde die Welt zu erklären weiss. Kuhn hat bemerkt, dass Fortschritt in der Wissenschaft nicht kontinuierlich, sondern in »revolutionären Prozessen« und grossen Sprüngen abläuft. Dies geschah beispielsweise beim Paradigmawechsel von Newtons Mechanik zur Relativitätstheorie und Quantenphysik zu Beginn des 20. Jahrhunderts.

Kuhn beschreibt Phasen, die für einen Paradigmawechsel notwendig sind, und diese lassen sich beinahe nahtlos auf die Gentechnologie übertragen, wie Molekularbiologe Strohman (1998, 2001, 2002, 2003) ausführt. Eine stark vereinfachte Zusammenfassung sähe so aus:

Phase eins: Es herrscht in der Wissenschaft ein Konsens darüber, dass die für eine Zeit »normative« Wissenschaft mehr Einsichten ins Leben vermittelt als andere Wissenschaften. Diese

Leitwissenschaft liefert eine eigene Weltanschauung. Sie ist das attraktivste Forschungsfeld für angehende Wissenschaftlerinnen und Forscher; sie dominiert die Ausbildung der nächsten Wissenschaftsgeneration und kanalisiert die Forschungsgelder.

Alle Punkte treffen für die Gentechnik zu. Sie hat in den letzten dreissig Jahren die Wissenschaft gänzlich dominiert, und sie vermittelt eine eigene Weltanschauung. Das Programm des Lebens liegt angeblich in den Genen – als ob der Mensch eine Marionette seiner Gene wäre, die Krankheiten oder gar Verhaltensweisen und Charakterzüge bestimmen würden.

Phase zwei: Die Anomalien gegenüber dem vorherrschenden Paradigma häufen sich. Es kommt zu Widersprüchen und später zu Krisen. Das kann lange dauern. Die Resistenz gegenüber grundlegenden Änderungen ist gross; jede Anomalie wird entweder unter den Teppich gekehrt oder so zurechtgebogen, dass sie trotzdem passt und das bestehende Paradigma allenfalls ergänzt oder weiterführt.

S. 159 Die Entschlüsselung des menschlichen Erbgutes mit seinen nur 25 000 Genen kann als eine solche Krise interpretiert werden; sie reiht sich ein in eine lange Liste von Anomalien und Widersprüchen zum Gendogma. Interessanterweise erschien in den letzten fünf Jahren viel wissenschaftliche (Selbst-)Kritik am Gendogma; die Konzepte wurden differenzierter, man suchte jetzt weniger nach einzelnen Genen als nach Genkomplexen oder Genprodukten. Doch in einer differenzierten Form bildet das Gendogma immer noch das Fundament vieler Forschungsanstrengungen. Gleichzeitig erleben die Epigenetik und mit ihr verwandte Forschungsfelder einen Aufschwung.

Es gibt heute zwei Ansichten. Die eine heisst vereinfacht: Wir wissen, dass Krankheiten komplex sind und durch viele Gene verursacht werden. Also schauen wir noch genauer auf noch mehr Gene, und wir untersuchen auch die Genprodukte (die Proteine also). Dem liegt immer noch eine lineare und additive Theorie zugrunde – das alte Paradigma in neuem Gewande.

Die andere Sichtweise heisst: Alles deutet darauf hin, dass die Gene selber eine untergeordnete Rolle spielen. Wichtig sind vielmehr die Verknüpfungen und Beziehungen zwischen den einzelnen Akteuren; wichtig ist die Erforschung von Netzwerkregeln und Regulationssystemen in der Zelle. Mögliche

Lösungen liegen nicht nur in den Genen, sondern vor allem auch in den Interaktionen.

So befinden wir uns in einer Art Schwebezustand – nicht mehr beim alten und noch nicht beim neuen Paradigma.

Phase drei ist wohl die wichtigste Sprosse der Kuhnschen Eskalationsleiter: Es muss ein neues Paradigma bereitstehen, das ebenfalls einleuchtende und allgemeingültige Aussagen liefert, so dass es das alte ersetzen kann. Wie Kuhn bemerkt, wird ein Paradigma niemals allein durch den Vergleich mit der Natur abgelehnt. Die Ablehnung ist immer auch ein Entscheid, ein anderes Paradigma an seiner Stelle anzunehmen. Denn, so Kuhn, ein Wissenschaftler kann nicht Wissenschaftler bleiben und gleichzeitig das Paradigma, unter dem er arbeitet, verweigern.

S. 159 Ein solches Paradigma ist aber noch nicht vorhanden. Das alte, deterministische Paradigma des Gens war genial in seiner Einfachheit, und es lieferte eine Weltsicht, die leicht verständlich war. Nun stellt sich die Frage: Wenn das Programm des Lebens nicht in den Genen liegt – wo liegt es dann? Auf diese Frage, meint Strohman, gebe es noch keine Antwort. Man könnte sagen: in der Zelle, das sei aber etwas vage. Es sei zwar viel Komplexität aufgezeigt worden, doch das sei nicht dasselbe, wie Komplexität zu verstehen.

Zudem reicht Epigenetik allein nicht aus, um ein neues Paradigma zu begründen. Epigenetische Forschung befasst sich mit der dynamischen Regulation von Genen. Doch was reguliert und kontrolliert die Epigenetik, also die Kontrolle der Genregulation? Und was kontrolliert diese? Und so weiter – eine Art unendlicher Regress. Die Antwort, die uns heute bleibt, heisst »Zelle«. Doch was kontrolliert die Zelle?

Kuhn erinnert uns, dass ein Paradigmawechsel Zeit braucht. Das Ptolemäische Paradigma mit all seinen Falschaussagen und Aberglauben habe etwa 1500 Jahre überlebt, bevor es durch die Kopernikanische Revolution abgelöst wurde. Und auch Einsteins Relativitätstheorie brauchte Jahrzehnte, bis sie sich gegen das Newtonsche Modell mit seinen Mythen der Kontextunabhängigkeit der untersuchten Gegenstände durchsetzen konnte.

S. 160 *Immer mehr Forscherinnen und Wissenschaftler …*

Es gibt viele weitere Biologen und Biologinnen oder auch Wissenschaftler anderer Disziplinen, die sich seit Jahren mit den Fragen der Komplexität biologischer Prozesse und den Grenzen des genetischen Paradigmas auseinandergesetzt haben. Dazu gehören zum Beispiel Paul Griffith, Susan Oyama, Frederick Nijhout, aber auch Richard Lewontin, Steven Rose, Ruth Hubbard, Evelyn Fox Keller, Eva Neumann-Held, Stuart Newman, Lily E. Key, Dorothee Nelkin.

Die nicht fangbaren Fische

S. 161 *Die Parabel der nicht fangbaren Fische*
Der englische Astrophysiker Sir Arthur Eddington erzählt 1939 die Parabel der »nicht fangbaren Fische« in seinem Buch »The Philosophy of Physical Sciences«.

S. 162 *Zu den nicht fangbaren Fischen*
Dürr schreibt (1989): »Wirklichkeit und ihr naturwissenschaftliches Abbild stehen einander gegenüber etwa wie ein Gegenstand und seine Zeichnung oder bestenfalls seine Fotografie. (...) Letztlich war es ja gerade die Möglichkeit, verschiedene Netze zu verwenden, die uns in der modernen Physik unmissverständlich auf den Projektionscharakter der ›physikalischen Wirklichkeit‹ hingewiesen hat. Ein Elektron zum Beispiel (...) offenbarte sich bei der einen Beobachtung als Teilchen, bei einer anderen als Welle, also in zwei gänzlich verschiedenen Formen und – was nun das eigentlich Überraschende war – in zwei im Sinne der herkömmlichen Objektvorstellungen sogar unverträglichen Formen. (...) Das Beispiel des Elektrons macht deutlich, dass der Naturwissenschaftler wohl verschiedene Netze zur Wirklichkeitserfassung besitzt, dass jedoch trotz aller Raffinessen bei der Beobachtung prinzipiell jede Beobachtung eine Einschränkung und Auswahl erzwingt.«

S. 165 *Alles ist mit allem verbunden: Schaumkronen auf stürmischer See*
Dürr schreibt (2003): »Im Gegensatz dazu ist die neue Weltsicht im Grunde holistisch, nicht atomistisch: Es existiert eigentlich nur das Eine, das Ungetrennte, das Unauftrennbare. (...) Das ›untrennbare Eine‹ meint das Unbegreifliche, Numinose, auch das Prozesshafte und Potenzialität, nicht nur als Möglichkeit, sondern auch als Potenz, als Vermögen, Realität, das greifbar Seiende zu schaffen. Die zeitliche Evolution besteht in einem fortschreitenden Prozess der Differenzierung dieses Untrennbaren durch ›Errichtung von Hindernissen‹ (...).« Dabei entstün-

den Subsysteme, und es scheine so, als sei das Gesamtsystem aus diesen Teilen »zusammengesetzt«. Das sei jedoch eine Täuschung: »Dies ist aber nie der Fall, weil der Zusammenhang viel tiefer geht, so wie etwa die sichtbar getrennten weissen Schaumkronen auf stürmischer See nicht die Betrachtung rechtfertigen, das Meer sei aus Wellen und Schaumkronen zusammengesetzt. Das Sinnstiftende im Zusammenwirken der ›als-ob-Teile‹ entsteht immer aus dem Ganzen, das sie einschliesst. Dieses Ganze, Eine, ist immer da, ob das Meer ›leer‹, glatt und ruhig sich ausbreitet oder ›voll‹, hoch differenziert sich im Sturme wellt.«

S. 168 *Sowohl-Als-auch im Schamanenwissen*

Wie Narby ausführt, gibt es auch im Denken der Ashaninca-Indianer kein Entweder-Oder, sondern immer ein Sowohl-Als-auch. Alle Lebewesen sind von »Geistern« oder »Seelen« bewohnt. Auf diese Weise ist der Mensch mit allen andern Lebewesen untrennbar verbunden zu einer grossen Ganzheit.

S. 170 *Katalog von Anselm Kiefer:* Kiefer (2002)

S. 172 *Wissenschaft und Kunst*

Ich bat Zvjezdana Cimerman und Daniel Ammann um einen Beitrag zu »Kunst und Wissenschaft«. Beide beschäftigen sich seit langem mit diesem Spannungsfeld (1997 und 2002). Daniel Ammann ist zudem Geschäftsführer der SAG in Zürich (siehe S. 211). Sie schreiben: »Beide, Wissenschaftler und Künstler, versuchen sich ein Bild von der Welt zu schaffen und suchen nach Modellen. Der Weg zum Ziel ist bei beiden durch das Experiment bestimmt. Beide wollen neue Zusammenhänge und unbekannte Realitäten entdecken. Intuition und Phantasie spielen nicht nur in den Künsten, sondern auch in den Wissenschaften eine grosse Rolle. Rationalität ist nicht den Wissenschaften vorbehalten, sondern wirkt auch in den Künsten.

Die grosse Zeit der Harmonie und Synergie der beiden grossen Erkenntnissysteme lag in der Renaissance. Dies ist im Werk von Leonardo da Vinci ganz besonders betont. Er war nicht nur ein begnadeter Künstler, sondern ebenso ein ausgezeichneter Wissenschaftler. Als er den menschlichen Körper darstellen wollte, studierte er die Anatomie, als er Pflanzen malen wollte, vertiefte er sich in die Botanik, oder für perspektivische Darstellungen befasste er sich mit der Mathematik. Er dachte, die Aufgabe der Wissenschaft sei die Anhäufung von Wissen, während es die Rolle der Kunst sei, die Natur nachzubilden. Dazu muss sich der Maler bemühen, das Innere der Natur zu verstehen, so als hätte er sie selbst geschaffen. Deshalb muss er ein Wissenschaftler sein. Leonardo da Vinci hat sich mit der Wissenschaft befasst, um seine Kunst zur Vollkommenheit bringen zu können.

Anderseits kann sich die Wissenschaft der Kunst bedienen, um wissenschaftliche Resultate anschaulich zu machen, um eine erweiterte Sichtweise zu eröffnen oder wissenschaftliche Erkenntnisse in einen grösseren Zusammenhang zu stellen. Paul Klee schreibt zur wissenschaftlichen Absicht: ›Man belegt, begründet, stützt, man konstruiert (...) aber man gelangt nicht zur Totalisation.‹ Er müsse betonen, ›dass die genaueste wissenschaftliche Erkenntnis der Natur (...) uns nichts nützt, wenn wir nicht mit allem Rüstzeug versehen sind zu ihrer Darstellung‹. Damit besagt Paul Klee, dass es der Kunst über die Wissenschaft hinaus gelingt, ein Thema total zu erfassen.

S. 172 Was sich Anfang des 20. Jahrhunderts erkenntnistheoretisch in der Physik ereignete, fehlt heute weitgehend in der modernen Biologie. Auch in der Kunst, die sich mit der modernen Biologie befasst, steht es zur Zeit mehrheitlich im argen. In der Frühzeit der Genetik phantasierte der Biologe Joshua Lederberg eine (damals) noch weit entfernte Zukunft, in der Gene gezielt von Menschenhand verändert würden und nicht mehr die biologische Evolution, sondern die Kunst das Leben vorantreibe: ›Replacing evolution by art‹. Einige zeitgenössische Künstler schliessen sich diesem Wunschbild in der sogenannten Biokunst an. Wird sich eine umfassende Note, die heute einige Stimmen in der Biologie versammelt und in der Kunst langsam zum Ausdruck kommt, durchsetzen und neue Räume öffnen?«

S. 172 *Kunst verändert die Wahrnehmung*

Ernst Beyeler erzählt 2005 in einem Interview: »Die ›wrapped trees‹ – die eingepackten Bäume von Christo also – waren phantastische Baumformen, die sich ständig veränderten. Bei Schnee wurden sie fast surreale Figuren, bei Regenwetter erschienen die eingepackten Bäume kubistisch. Das gab eine unerwartete Sicht auf ganz gewöhnliche Bäume, an denen man hundertmal vorbeifährt und plötzlich diese grossartigen Baumskulpturen sieht. Da kann Kunst helfen, ein anderes Bewusstsein zu schaffen, mit einfachen Mitteln.«

Zellen flüstern, schwatzen, reden

S. 178 *Genveränderte Pflanzen »kontaminieren« andere Pflanzen*

Raps: Gentechnisch veränderte Rapspollen fliegen weit. Fangpflanzen wurden selbst in einer Distanz von 26 km noch mit genmanipuliertem Pollen bestäubt. Zudem hat Raps in Europa nahverwandte Wildkräuter wie Hederich, Ackersenf, Sareptasenf oder Rübsen, in die der genmanipulierte Pollen ebenfalls einkreuzen kann. Auch Rapssamen sind problematisch: Nach der Ernte bleiben pro Hektar 200 bis 300 Kilo Samen zurück. Sie können spätere Rapsernten kontaminieren. Rapssamen bleiben fünfzehn Jahre lang keimfähig.

S. 178 *Mais:* Eine Maispflanze produziert 25 Millionen Pollen und wird vor allem vom Wind bestäubt. Maispollen, die vom Wind verweht werden, überleben bis zu neun Tagen. Versuche ergaben, dass die Einkreuzungsrate bei Feldern in einer Distanz von 60 Metern fünf Prozent beträgt. Waren die Felder 600 Meter voneinander entfernt, betrug die Einkreuzungsrate immer noch fast 0,8 Prozent. Maispollen ist eine Lieblingsnahrung von Bienen. Wenn der Mais Anfang August blüht, sind Abertausende Bienen am »Höselen« und sammeln Maispollen. Auf diesem Pfad gelangen genveränderte Maispollen in den Bienenstock und in den Honig.

Sicherheitsabstände: Das Forschungsinstitut für Biologischen Landbau FiBL empfiehlt deshalb unterschiedliche Sicherheitsabstände zwischen gentechnisch veränderten und gentechnikfreien Kulturen: Bei Mais soll diese Pufferzone mehr als 1000 m betragen, bei Kartoffeln 10 m, bei Weizen 100 m und bei Roggen mindestens 2000 m.

Verarbeitung: Das FiBL hat untersucht, ob genmanipulierter und gentechfreier Mais in der gleichen Maismühle nacheinander gemahlen werden können. Fünf Tonnen genmanipulierter Bt-Mais wurde in einer Mühle gemahlen und diese danach sorgfältig gereinigt. Daraufhin wurden vier Tonnen konventioneller, nicht gentechnisch veränderter Mais vermahlen. Nach zwei Stunden zeigten die Proben, dass das Maismehl immer noch mehr als 0,9 Prozent manipulierten Mais enthielt. Das Maismehl hätte in der Schweiz und in der EU als »gentechnisch verändert« deklariert werden müssen, da die gesetzliche Deklarationslimite für gentechnisch veränderte Organismen (GVO) bei 0,9 Prozent liegt. Reste von GVO-Mais waren als »Verunreinigungsnester« beispielsweise in Rohrbiegungen hängengeblieben, hatten sich im Laufe der Zeit gelöst und so die nachfolgenden Chargen kontaminiert (Wenk, 2001).

Die Verunreinigung mit genmanipulierten Produkten kann mit grossem Aufwand zwar verringert, aber nicht vollständig verhindert werden. Bienen lassen sich nicht kontrollieren, heftige Stürme transportieren Gentechpollen über alle berechneten Distanzen hinweg, aus dem Lastwagen gefallene Gentechsamen keimen am Strassenrand an weit entlegenen Orten, die Natur ist kein kontrollierbares Laboratorium.

S. 178 *Literatur zu Koexistenz und Kontamination*

Report des »Joint Research Center« (2005); Meier et al. (2002); Results of the UK Farm-Evaluations (2003); Schlatter und Oehen (2004).

S. 179 *Konzentration des Saatgutmarktes*

Der Saatgutmarkt für genmanipulierte Pflanzen wird von den fünf transnationalen Agrokonzernen Monsanto, DuPont, Syngenta, Bayer und Dow dominiert, wobei Monsanto allein über 90 Prozent herstellt.

Über 96 Prozent aller Gentechpflanzen werden in den fünf Ländern USA, Argentinien, Kanada, Brasilien und China angebaut (ISAAA, 2004).

Von den weltweit angebauten gentechnisch veränderten Pflanzen sind 72 Prozent herbizidresistent. 19 Prozent sind insektenresistente Bt-Pflanzen, acht Prozent enthalten beide Eigenschaften (ISAAA, 2004).

Praktisch alle gentechnisch veränderten Pflanzen, die in »Entwicklungsländern« angebaut werden, sind »cash crops« für den Export. Es sind dies: Soja, Baumwolle, Raps und Mais.

S. 182 *»Ganzheitlich«*

Der Ganzheitsbegriff, der Anfang des 20. Jahrhunderts in der Quantentheorie der Physik aufkam, hat das wissenschaftliche Weltbild auf den Kopf gestellt. Ein Weltbild, das bislang auf der mechanistischen Vorstellung basierte, dass man den Plan, nach dem die Welt gemacht ist, verstehen wird, wenn man dessen kleinste Teilchen versteht. Die kleinsten Teilchen können Atome sein – oder Gene.

Eine ganzheitliche Weltsicht hingegen, so fasst dies die amerikanische Philosophin Merchant (1989) zusammen, geht von fünf Annahmen aus:

1. Alles hängt mit allem zusammen. Das Ganze bildet eine dynamische Einheit, und wenn an einem Teil etwas verändert wird, so betrifft dies das Ganze.

2. Das Ganze ist mehr als die Summe seiner Teile. Das ist das Konzept der Synergie: Die kombinierte Aktion aller Teile ergibt eine grössere Wirkung. Wasser (H_2O) hat Eigenschaften, die im Wasserstoff (H) und im Sauerstoff (O) nicht vorhanden sind.

S. 182 3. Der Kontext, also die Umgebung, spielt eine Rolle. Jeder Teil bezieht zu jeder Zeit Bedeutung aus dem Ganzen. Ein Gen funktioniert nicht immer gleich; seine Funktionsweise hängt stark von der Zellumgebung ab.

4. Es besteht ein Primat vom Prozess gegenüber den Teilen. Prozesse und Veränderungen gehen der Aufteilung von Materie in einzelne Teile voraus. Ökologische, »ganzheitliche« Systeme sind offen und dynamisch. Jedes Lebewesen hat eine durchlässige Struktur wie ein Strudel im Wasser; es ist Ergebnis eines ständigen Energieflusses durch das System.

5. Alle Teile im Kosmos sind zu einer Einheit verbunden. Körper, Geist und Seele bilden ein einheitliches Ganzes. Materie und Energie sind austauschbar, so wie dies Albert Einstein in seiner berühmten Gleichung $E = mc^2$ formuliert hat. Das widerspricht dem gängigen Denkmuster des Dualismus.

S. 186 *Signalstoffe für Ferngespräche*

Neben elektrischen Signalen gibt es auch chemische Botenstoffe, die ins Blut abgegeben werden, mit dem Blut in entfernte Regionen des Körpers gelangen und dort ihre Botschaften übermitteln. Die Östrogene und das Testosteron, die im Gehirn ausgeschüttet werden, reagieren in den Geschlechtsorganen. Der Botenstoff Adrenalin wird in den Nebennieren hergestellt und versetzt eine Armmuskelzelle in höchste Alarmbereitschaft.

S. 187 *Erforschende Strategien, Selbstorganisation und »Intelligenz« in Ameisenstaaten*

Solé und Goodwin (2000, S. 147) schreiben: »Soziale Insekten sind ausgezeichnete Beispiele für das, was wir ›sich herausbildendes (emergentes) Verhalten‹ nennen. Während sich Kolonien von sozialen Insekten komplex verhalten, sind die Kapazitäten eines Individuums relativ beschränkt. (...) Sowohl bei Ameisenkolonien wie auch bei Gehirnen sind es nicht die individuellen Einheiten (Ameisen oder Neuronen), die Informationen sammeln, aufbewahren und prozessieren. Statt dessen interagieren sie miteinander in einer solchen Weise, dass die Information durch das Kollektiv manipuliert wird. Die ganze Kolonie ist der Organismus, die zentrale Einheit, die wir verstehen müssen. Und wie das Gehirn, so wird auch die Kolonie durch viele Individuen in Interaktion gebildet; individuelle Einheiten können von einer Art Aktivität zur anderen gewechselt werden; sie können fehlschlagen oder entfernt werden ohne Schaden für das Kollektiv (z.B. das Kollektiv ist robust), und sie haben nur ein beschränktes Verhaltensrepertoire, sie sammeln Informationen auf lokaler Ebene. (...) Es erstaunt nicht, dass die Hauptunterschiede aus der Art der Verbindungen resultieren: Der direkte Kontakt zwischen individuellen Ameisen ist ein vorübergehendes Phänomen, währenddem synaptische Verbindungen zwischen Neuronen normalerweise eine lange Lebenszeit haben. Eine direkte Konsequenz ist, dass das Gedächtnis in Ameisenkolonien typischerweise kurz ist. Das wird teilweise kompensiert (vor allem in grossen Kolonien) durch den Gebrauch von Chemikalien, die räumliche Strukturen kreieren können, die deutlich Langzeitgedächtnis-Effekte mit einschliessen. (...) Trotz des lokalen Charakters der Ameisenkommunikation (eine bestimmte Ameise erhält nur von Ameisen, die ihr am nächsten sind, Informationen) bilden Ameisenkolonien offensichtlich weitreichende Strukturen, ohne sich dabei auf eine zentralisierte, hierarchische Kontrolle (...) zu stützen. Doch die Kolonie ist fähig, auf ihre kollektiven Bedürfnisse durch ein konstantes Monitoring ihrer Umgebung zu antworten.« Dies nenne man Selbstorganisation, schreiben sie, und definieren den Begriff folgendermassen: »Ein Set dynamischer Mechanismen, wobei Strukturen auf der globalen Ebene eines Systems erscheinen, die aus Interaktionen zwischen seinen Komponenten, die auf tieferer Ebene sind, entstanden sind.«

S. 188 *»Intelligente« Zellen, »intelligente« Moleküle*

Zellen betreiben erforschende Strategien, und selbst Moleküle (Proteine, Komplexzucker oder DNA-Moleküle) können adaptiv und flexibel reagieren. Sind auch sie »intelligent«? Dazu zwei Beispiele:

»Intelligente« Zelle: Ein Forscherteam um Kulesa (2000) untersuchte, wie Nervenzellen in einem Hühnerembryo »wissen«, in welche Richtung sie sich bewegen sollen und wo ihr Zielort ist. Zu diesem Zweck haben sie einige Zellen mit einem fluoreszierenden Stoff markiert und ihren Weg genau mitverfolgt. Zu ihrer Überraschung stellte die Gruppe fest, dass die Zellbewegungen inhärent unberechenbar sind und chaotisch erscheinen. Sie folgerten daraus, dass es keinen vorprogrammierten Mechanismus gibt, der die Zellwanderung leitet. Richtung und Ziel der Wanderung sind nicht von Anfang an in den Genen festgelegt, sondern ergeben sich dynamisch aus den fortlaufenden Interaktionen mit andern Zellen und mit ihrer Umgebung. Zellen »lernen« in Kommunikation mit andern Zellen, wohin sie gehen sollen und was ihr Ziel ist.

S. 188 *»Intelligentes« Protein:* Das Protein hsp-90 kann andere Proteine mit kleinen Fehlern reparieren. Werden Proteine durch Umweltstress, wie zum Beispiel eine erhöhte Temperatur, in Unordnung gebracht, ist hsp-90 zur Stelle und räumt auf – daher sein Name hsp, was für Hitzeschockprotein steht. Andere Proteine, die bereits zu sehr beschädigt sind, legt hsp-90 still, manchmal nur für eine gewisse Zeitspanne, manchmal für immer. Selbst Gene mit Gendefekten werden von hsp-90 repariert oder, falls das nicht möglich ist, ausgeschaltet.

Das hsp-90-Protein kommt in Tier- und Pflanzenzellen häufig vor. Auf englisch heisst dieses kleine Molekül »chaperone protein«, also »Anstandsdamenprotein«: Es hilft, repariert, legt still und arbeitet an fast jedem Stoffwechselvorgang in der Zelle mit (Holmes 2002).

Ein Protein besteht aus langen Aminosäureketten, die zu komplexen dreidimensionalen Gebilden gefaltet sind. Die Aminosäureketten wiederum sind im wesentlichen aus den Atomen Kohlenstoff, Sauerstoff, Wasserstoff, Stickstoff und Schwefel aufgebaut. Wie »weiss« ein solches chemisches Molekül, wo seine Hilfe nötig ist, und wie trifft es »Entscheidungen«?

Buiatti sagt: »Proteine sind vierdimensional – sie haben drei räumliche Dimensionen und eine zeitliche. Sie ändern sich ständig. Form und Verhalten grosser Moleküle werden zu einem guten Teil durch ihre physikalischen und chemischen Eigenschaften bestimmt – wie zum Beispiel elektrische Ladung, Gewicht,

Polarität oder die Bindungen zwischen den einzelnen Teilen. Sie sind extrem kontextabhängig. Jede Änderung der Umgebung eines Proteins – Temperatur, pH-Wert oder Salzkonzentration der Lösung, in der das Protein ist – verändert seine Form und sein Verhalten. Es entstehen laufend neue Bindungen, andere Formen. Diese chemisch-physikalischen Affinitäten zwischen den Molekülen sind ihre Kommunikationsmittel.

Die Lösung liegt in der Evolution, und zwar insofern, als sich die Formen und Strukturen während drei Milliarden Jahren Evolution herausgebildet haben, sehr langsam, divers und flexibel. Dabei entstanden nicht Proteine mit einer optimalen Form, sondern solche, die eine optimale Flexibilität haben, die zum Beispiel viele verschiedene Bindungen gezielt eingehen können.«

S. 189 *»Der Architekt von aussen«*

Gupta schreibt (2000): »Den einzigartigen Platz, den der Vitalismus in der Geschichte einnimmt, beruht auf seinem Versuch, die zwei sich gegenüberstehenden Bedürfnisse zu versöhnen: das Bedürfnis nach analytischer Argumentation und das Bedürfnis, das Mysterium der menschlichen Erfahrung zu zelebrieren.« Der Vitalismus als biologische Metapher habe darum so lange überlebt, weil er eine Basis liefere, um unsere ursprüngliche Erfahrung des Lebens beizubehalten, während wir gleichzeitig das Geheimnisvolle mit Hilfe wissenschaftlicher Analyse zerlegten. Im Laufe der Geschichte wurden die Grenzen des Vitalismus ständig ein bisschen weiter zurückgestossen. Gupta fährt fort: »Und wo sind wir heute in diesem Prozess der graduellen Erosion? Wir haben nun einen ›Arbeitsentwurf‹ des menschlichen Genoms, und immer noch betonen die Ingenieure dieser Heldentat die ›Unwägbarkeiten des menschlichen Geistes‹. Es scheint, als ob wir immer noch – vielleicht glücklicherweise – gefangen sind in einem Zustand poetischer Ambivalenz gegenüber der Frage, ob das Leben grösser ist als die Summe seiner Teile. (...) Wir neigen dazu, zu glauben, dass die Analyse des Lebens nicht dessen letztendliches Geheimnis beeinträchtigt.«

S. 190 *Keine Weltformel, kein neues Paradigma*

Fox Keller (2002, S. 300) argumentiert, dass Erklärungen in den biologischen Wissenschaften typischerweise provisorisch und partiell seien; Biologen seien meist – im Gegensatz zu Physikern – der grossen, alles umschliessenden Theorien überdrüssig. Warum auch sollte die Komplexität des Lebens auf etwas reduziert werden können, was der menschliche Verstand erfassen kann? »Ich will argumentieren, dass die Erforschung von Prozessen, die so fundamental komplex sind wie die biologische Entwicklung, möglicherweise eine solche Vielfalt verlangt. Erklärender Pluralismus, schlage ich vor, ist nicht einfach eine Reflexion der Unterschiede in epistomologischen Kulturen, sondern eine positive Eigenschaft in sich selber; unsere beste Chance, um mit der Welt um uns herum zurechtzukommen.«

S. 191 *Neue Einsichten in das Leben der Zelle*
Die bahnbrechenden neuen Einsichten in das Leben der Zelle verdankt die moderne Biologie vor allem drei Errungenschaften:

1. Molekularbiologie: Ohne Molekularbiologie und die neuen Erkenntnisse um Gene, Proteine und andere Moleküle wäre die heutige »ganzheitliche« Biologie der Zelle nicht möglich.

2. Bildgebende Verfahren: Dank neuer optischer Geräte (zum Beispiel konfokales Mikroskop) können einzelne Moleküle – DNA-Sequenzen oder Proteine – über längere Zeit bei der Arbeit beobachtet werden wie in einem Film. Dazu wird ein Molekül mit einem fluoreszierenden Stoff markiert und im Zeitlupentempo gefilmt, denn die Moleküle bewegen sich mit rasender Geschwindigkeit in der Zelle, sie schiessen herum und stossen zusammen. Bisher konnten solche Moleküle allenfalls fotografiert werden, was nur ein statisches Bild ergab. Mit dem Sichtbarmachen der vierten Dimension – der Zeit – sind erste Vorstellungen darüber möglich, wie die hochdynamischen Regelnetzwerke einer Zelle von ihrer Umgebung und der Umwelt beeinflusst werden und wie eine Zelle mit ihrer Umgebung kommuniziert.

3. Computersimulation: Mit Computern werden Netzwerke simuliert, die von einfachen Grundmustern ausgehen und sich mit der Zeit zu komplexen Strukturen entwickeln. Mathematiker und Biologinnen geben riesige Datenmengen in den Computer ein und suchen nach Mustern, Ordnungen oder Entwicklungen.

Bisher konzentrierte sich die molekularbiologische Forschung auf kleinste Teilchen (Gene und Moleküle), um von dort her Schlüsse auf das Ganze, Darüberliegende zu ziehen. Hier wird der umgekehrte Weg begangen: von oben nach unten. Aus gigantischen Datenmengen, deren Einzelteile längst nicht alle verstanden sind, sucht man nach sich herausbildenden Ordnungen und Strukturen, nach Anzeichen von Selbstorganisation.

Alle Übersetzungen aus dem Englischen von Florianne Koechlin

Literatur

Agrawal, A.A. (2002). Herbivory and maternal effects: Mechanisms and consequences of transgenerational induced plant resistance. *Ecology,* 83, 12, S. 3408–3415

Baumann M., Bell J., Koechlin F., Pimbert M. (Hrsg.) (1996). *The Life Industry. Biodiversity, People and Profits.* Intermediate Technology Publications, London

Bonss W., Hohlfeld R. und Kollek R. (1993). *Wissenschaft als Kontext – Kontexte der Wissenschaft.* Hamburg: Junius

Brown C. und Laland K.N. (2003). Social learning in fishes: a review. *Fish and Fisheries,* 4, S. 280–288

Brown C. (2004). Not just a pretty face. *New Scientist,* 12. Juni, S. 42

Buiatti Marcello und Buiatti Marco (2001). The Living State of Matter. *Biology Forum,* 94, S. 59–82

Ceccarelli M., Esposto M.C., Roscini C., Sarri V. (2002). Genome plasticity in Festuca arundinacea: direct response to temperature changes by redundancy. *Theor. Appl. Genet.,* 104, S. 901–907

Cimerman Z. und Ammann D. (1997). *Kunst und Gentechnologie.* Schwabe Verlag, Basel

Cimerman Z. und Ammann D. (2002). *Das Tier in der zeitgenössischen Kunst.* Tierschutzverlag, Zürich

Cohen P. (2003). You are what your mother ate, suggests study. *New Scientist,* 4. August

Commoner B. (2002). Unraveling the DNA Myth. *Harpers,* Februar

Dicke M., Agrawal A.A., Bruin J. (2003). Plants talk, but are they deaf? *TRENDS in Plant Sciences,* 8, S. 9

Dürr H.-P. (1989). Wissenschaft und Wirklichkeit. In Dürr H.-P. und Zimmerli W. (Hrsg.) *Geist und Natur.* W. Scherz Verlag Bern/München/Wien, S. 31–35

Dürr H.-P. und Oesterreicher M. (2001). *Wir erleben mehr, als wir begreifen. Quantenphysik und Lebensfragen.* Herder spektrum

Dürr H.-P. (2002). *Für eine Zivilgesellschaft.* dtv, 2. Auflage, S. 78–82

Dürr H.-P. (2003). *Versöhnung von Wissenschaft und Religion.* Vortrag am 30. Mai, Ökumenischer Kirchentag Berlin

Fox Keller E. (2001). *The Century of the Gene.* Harvard University Press

Fox Keller E. (2002). *Making Sense of Life.* Harvard University Press

Gardner, H. (1993). *Frames of Mind: The theory of multiple intelligences.* New York: Basic Books

Gardner, H. (1999). *Intelligence Reframed. Multiple intelligences for the 21st century.* New York: Basic Books

Gelernter D. (2002). Mosaik des Geistes. Was ist Intelligenz? *geoscience-online.de,* 20. Mai

Gilroy S. und Trewavas A. (2001). Signal processing and transduction in plant cells: the end of the beginning? *Nature reviews, Molecular Cell Biology,* 2, S. 307–314

Gupta S. (2000). A victim of truth. *Nature,* 407, S. 677

Herren H.R. (Hrsg.) (2002). Insect Science and its Application. *The International Journal of Tropical Insect Science,* 22, no 1–4

Holliday R. (1990). *Philos. Trans. Royal Soc.* London, 326, S. 329–338

Holmes B. (2002). Ready, steady, evolve. *New Scientist,* 28. September, S. 28

ICIPE (2002). *Annual Scientific Report Summaries 2000–2001.* ISBN 92 9064 153 3

ISAAA (2004). *International service for the application of agri-biotech applications, annual report*

Joint Research Center, Report (2005). Im Auftrag der EU, www.jcr.eu.int/GECrops

Kaminski J., Call J., Fischer J. (2004). Word Learning in a Domestic Dog: Evidence for »Fast Mapping«. *Science,* 304, S. 1682–1683

Khan Z.R., Ampong-Nyarko K., Chiliswa P., Hassanali A., Kimani S., Lwande W. und Overholt W.A. (1997). Intercropping increases parasitism of pests. *Nature,* 388, S. 631

Kiefer A. (2002). *die sieben HimmelsPaläste 1973–2001.* Fondation Beyeler

Koechlin F. (1994). *Schön, gesund & ewiger leben.* Rotpunktverlag, Zürich

Koechlin F. und Ammann D. (1997). *Mythos Gen.* Utzinger/Stemmle Verlag

Koechlin F. (Hrsg.) (1998). *Das patentierte Leben.* Rotpunktverlag, Zürich

Koechlin F. (Hrsg.) (1999). *Zukunftsmodell Schweiz. Eine Landwirtschaft ohne Gentechnik?* ISBN 3-906081-04-4

Koechlin F. (2004). *Vier Interviews zum Thema: Moderne Konzepte in der Biologie zum Wesen von Pflanzen und ihrer Unterscheidung von Tieren.* www.ekah.ch

Kollek R., Tappeser B., Altner G. (Hrsg.) (1986). *Die ungeklärten Gefahrenpotentiale der Gentechnologie.* München

Kollek R. (1988). »Ver-rückte« Gene. Die inhärenten Risiken der Gentechnologie und die Defizite der Risikodebatte. *Ästhetik und Kommunikation. Gentechnologie,* 69, S. 18

Kollek R. (1994). Der Gral der Genetik. Das menschliche Genom als Symbol wissenschaftlicher Heilserwartungen des 21. Jahrhunderts. *Mittelweg 36,* 1, 94, Hamburg, S. 5–14

Kollek R. (1996). The gene – that obscure object of desire. In: Baumann M., Bell J., Koechlin F. und Pimbert M. (Hrsg.). *The Life Industry.* Intermediate Technology Publications

Kuhn T. (1962). *The Structure of Scientific Revolutions.* Univ. of Chicago Press

Kulesa P. and Fraser S.E. (2000). In Ovo Time-Lapse Analysis of Chick Hindbrain Neural Crest Cell Migration shows Cell Interactions during Migration to the Branchial Archers. *Development,* 127, S. 1161–1172

Lévi-Strauss C. (2001). Science and Magic: Two Roads to Knowledge. In: Narby J. und Huxley F. (Hrsg.). *Shamans Through Time. 500 Years on the Path to Knowledge.* Tarcher Putman, S. 246

Lewontin R., Rose S., Kamin L. (1988). *Die Gene sind es nicht.* München, Weitheim

McClintock B. (1984). The Significance of Responses of the Genome to Challenge. *Science,* 226, S. 792–801

Meier J., Beck A., Brauner R., Hermanowski R., Mäder R., Nowack K., Tappeser B., Wilbois K.P. (2002). *Bleibt in Deutschland bei zunehmendem Einsatz der Gentechnik in Landwirtschaft und Lebensmittelproduktion die Wahlfreiheit auf GVO-unbelastete Nahrung erhalten?* Im Auftrag des BUND, 3. Juli, www.oekoinstitut.org

Merchant, C. (1989). Entwurf einer ökologischen Ethik. In: Dürr H.-P. und Zimmerli W. (Hrsg.). *Geist und Natur.* Scherz-Verlag, S. 135

Nakagaki T., Yamada H., Toth A. (2000). Maze-solving by an amoeboid organism. *Nature,* 407, S. 470

Nakagaki T., Yamada H., Hara M. (2004). Smart network solutions in an amoeboid organism. *Biophysical Chemistry,* 107, S. 1–5

Narby J. (1998). *The Cosmic Serpent. DNA and the origins of knowledge.* New York: Jeremy P. Tarcher/Putnam

Narby J. und Huxley F. (Hrsg.) (2001). *Shamans Through Time. 500 Years on the Path to Knowledge.* New York: Jeremy P. Tarcher/Putman

Narby J. (2005). *Intelligence in Nature. An inquiry into knowledge.* New York: Jeremy P. Tarcher/ Penguin

Portmann A. (1959). *Alles fliesst. Rückblick und Ausblick eines Biologen.* Verlag Friedrich Reinhardt, Basel

Portmann A. (1966). Der Mensch im Bereich der Planung. *Bayerische Akademie der Schönen Künste*

Portmann A. (1974). *An den Grenzen des Wissens.* Econ Verlag Wien/ Düsseldorf

Portmann A. (2000). *Biologie und Geist.* Edition Nereïde im Ulrich Burgdorf Verlag, Göttingen

Portmann A. (2002). Vom Teil zum Ganzen. Differenzen und Beziehungen zwischen Physik und Biologie – Gespräch zwischen Werner Heisenberg und Adolf Portmann. *FAPV Gespräch mit Heisenberg,* 15. Februar. Copyright Schweizer Radio DRS

Pretty J. und Hine R. (2001). *Reducing Food Poverty with Sustainable Agriculture: A Summary of New Evidence.* University of Essex

Price H.J. und Johnston J.S. (1996). Influence of light on DNA content of Helianthus annuus Linnaeus. *PNAS,* 93, 20, S. 11264–11267

Ritter M. (2000). Die Biologie Adolf Portmanns in zeitgeschichtlichem Kontext. *Basler Zeitschrift für Geschichte und Altertumskunde.* Sonderdruck aus Band 100

Römer J., Reik W., Dean W. und Klose J. (1997). Epigenetic inheritance in the mouse. *Current Biology,* 7, S. 277–280

Royal Society London (2003). Results of the UK Farm Scale Evaluations. In: *Philosophical Transactions of the Royal Society London (Biological Sciences),* 358, 1439, S. 1775–1913

Schlatter C. und Oehen B. (2004). *Gentechnik in der Landwirtschaft? Räumliche Aspekte der Koexistenz in der Schweiz.* FiBL. www.fibl.org

She X., Jiang Z., Clark R.A., Liu G., Cheng Z., Tuzum E., Church D.M., Sutton G., Halpern A.L. und Eichler E. (2004). Shotgun sequence assembly and recent segmental duplications within the human genome. *Nature,* 431, S. 927–930

Shiva V. (1993). *Monocultures of the Mind: Perspectives of Biodiversity and Biotechnology.* Penang: Zed Books and Third World Network

Shiva V. (1997). *Biopiracy: The Plunder of Nature and Knowledge.* Toronto: Between the Lines

Sitter-Liver B. (2005). Ehrfurcht und Würde in der Natur. In: *Leben inmitten von Leben. Die Aktualität der Ethik Albert Schweitzers.* S. Hirzel Verlag, Stuttgart

Solé R. und Goodwin B. (2000). *Signs of Life.* Basic Books, ISBN 0-465-01928-5

Spengler Neff A., Schneider C., Spranger J. (2003). Beurteilung der Konstitution von Milchkühen anhand der Ausprägung ihrer wesentlichen arttypischen Eigenschaften. In: Freyer, B. (Hrsg.) *7. Wissenschaftstagung zum ökologischen Landbau, Teil Tierhaltung und Zucht, Wien 24.–26.2.2003,* S. 253–256

Stöcklin J. (2004). *Literaturstudie: Moderne Konzepte in der Biologie zum Wesen von Pflanzen und ihrer Unterscheidung von Tieren, im Auftrag der Ethikkommission EKAH.* www.ekah.ch

Strohman R. (1998). Eine Kuhn'sche Revolution in der Biologie steht ins Haus. *Biogum,* Universität Hamburg, 9. Mai

Strohman R. (2001). A new paradigm for Life, Beyond genetic determinism. *California monthly,* April

Strohman R. (2002). Maneuvering in the Complex Path from Genotype to Phenotype. *Science,* 296, S. 701

Strohman R. (2003). Genetic Determinism as a failing Paradigm in Biology and Medicine: Implications for Health and Wellness. *Journal of Social Work Education,* 39, 2, S. 1–23

Tappeser B., Baiser B., Dette B. und Tegel H. (1999). *Die blaue Paprika. Globale Nahrungsmittel auf dem Prüfstand.* Basel/Boston/Berlin: Birkhäuser

Tappeser B., Eckelkamp C. und Weber B. (2000). Untersuchung zu tatsächlich beobachteten nachteiligen Effekten von Freisetzungen gentechnisch veränderter Organismen. *Monographien Band, 2000.* Umweltbundesamt (Wien)

Townsley G. (2001). »Twisted Language«, a Technique for Knowing. In: Narby J. und Huxley F. (Hrsg.) *Shamans Through Time. 500 Years on the Path to Knowledge.* Tarcher Putman, S. 264

Trewavas A. (2004). Aspects of Plant Intelligence: an answer to Firn. *Annals of Botany,* 93, S. 353–357

uni nova (1997). *Adolf Portmann. Zum 100. Geburtstag.* Wissenschaftsmagazin der Universität Basel 79/80

Waiblinger S., Menke C., Coleman G. (2002). The relationship between attitudes, personal characteristics and behaviour of stockpeople and subsequent behaviour and production of dairy cows. *Applied Animal Behaviour Science,* 79, S. 195–219

Waterland R.A. and Jirtle R.L. (2003). Transposable Elements: Targets for Early Nutritional Effects on Epigenetic Gene Regulation. *Mol. Cell. Biol.,* 23, S. 5293–5300

Wenk N., Stebler D. und Bickel R. (2001). Warenflusstrennung von

GVO in Lebensmitteln. *prognos, Untersuchung im Auftrag des Schweizerischen Bundesamtes für Gesundheit*

Wolfe M.S. (2000). Crop strength through diversity. *Nature,* 406, S. 681–682

Zhu Y., Fen H., Wang Y., Li Y., Chen J. und Mundt C.C. (2000). Genetic diversity and disease control in rice. *Nature,* 406, S. 718–722

Ziegler A. und Heller K.A. (2002). Intelligenz/Intelligenzforschung. *Lexikon der Psychologie,* auf CD-ROM. Spektrum Akademischer Verlag, Heidelberg